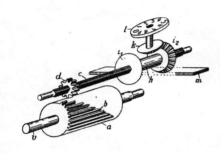

机械制图

Mechanical Drawing

主　编　解春艳　张莉萍

副主编　孙圣迪　王世煊　马　英

参　编　甄慧军

上海交通大學出版社
SHANGHAI JIAO TONG UNIVERSITY PRESS

内容提要

　　全书共分 5 大部分,包括机械制图的基本知识,机械零件常用的表达方法,标准件及常用件的规定表示法,零件图和装配图。

　　读者对象主要是中等职业技术学校机械类及近机械类专业师生,也可以作为其他专业及工科院校各种师生和工程技术人员参考书。

图书在版编目(CIP)数据

机械制图/解春艳,张莉萍主编. —上海:上海交通大学出版社,2015
ISBN 978 - 7 - 313 - 13214 - 7

Ⅰ.①机…　Ⅱ.①解…②张…　Ⅲ.①机械制图　Ⅳ.①TH126

中国版本图书馆 CIP 数据核字(2015)第 140616 号

机械制图

主　　编:**解春艳　张莉萍**
出版发行:上海交通大学出版社　　　　　　地　　址:上海市番禺路 951 号
邮政编码:200030　　　　　　　　　　　　电　　话:021 - 64071208
出 版 人:韩建民
印　　制:上海颛辉印刷厂　　　　　　　　经　　销:全国新华书店
开　　本:787mm×1092mm　1/16　　　　　印　　张:11.5
字　　数:275 千字
版　　次:2015 年 9 月第 1 版　　　　　　　印　　次:2015 年 9 月第 1 次印刷
书　　号:**ISBN 978 - 7 - 313 - 13214 - 7/TH**
定　　价:33.00 元

前　言

  《机械制图》是机械类和近机械类相关专业的一门重要的专业基础课，它是研究如何运用正投影原理，绘制和阅读机械图样的课程。本课程主要任务是培养机械专业学生看图、画图和空间想象的能力，以满足今后从事工程技术工作的需要。

  本书是在多年机械制图教学改革的积淀下，根据中等职业技术教育的培养目标和特点编写而成。全书共分5章，分别为：机械制图的基本知识，机械零件常用的表达方法，标准件及常用件的规定表示法，零件图和装配图。

  本书由解春艳、张莉萍主编，孙圣迪、王世煊、马英副主编，甄慧军参编。本书编写具体分工为：保定第四职业中学解春艳编写第一章，邢台职业技术学院马英编写第二章，保定第四职业中学王世煊编写第三章，黑龙江工程学院孙圣迪编写第四章，邢台职业技术学院张莉萍编写第五章，保定第四职业中学甄慧军编写附录。本书由邢台职业技术学院王秀贞教授主审。

  本书编写前进行了广泛的调研，参考并引用了大量文献资料，并在编写过程中汲取了很多老师和学生的宝贵意见，在此表示衷心的感谢。

  由于编者的水平有限，书中存在的不妥之处，恳请广大读者批评指正。

编　者

2015 年 6 月

目　　录

机械制图

绪　　论

机械制图是一门重要的专业基础课,也是一门实践性很强的课程。本课程重点任务是培养学生的读图能力,但读图源于画图,如果不懂基本的绘图理论,很难掌握和理解读图的基本方法和技巧。

一、本课程的主要任务

(1)在学习读图和画图的过程中,逐步熟悉和掌握国家标准的基本规定,并具有查阅有关标准和手册的能力。

(2)学习正确地使用绘图工具,熟练地掌握绘图方法。

(3)学习正投影法的基本原理,掌握运用正投影法表达空间物体的基本理论和方法,具有图解空间集合问题的初步能力。

(4)培养学生阅读中等复杂程度的零件图和装配图的能力。

二、本课程的内容和要求

本课程的内容主要包括:机械制图的基本知识,常见机件的表达方法,标准件和常用件的规定表示法,零件图和装配图。

完成本课程应达到如下要求:

(1)通过学习机械制图的基本知识,熟悉国家标准《机械制图》的基本规定,了解基本的绘图方法和步骤。

(2)正投影作图与制图基础是绘图与读图的理论基础,是本课程的核心部分,通过学习这一部分内容,应掌握运用正投影法表达空间形体的基本图示方法,以及运用正投影法绘制的形体视图的基本读图方法。

(3)常见机件的表达方法。熟练掌握并正确运用各种表示法是读机械图样的重要基础。

(4)零件图与装配图是本课程的主要内容,也是学习本课程的最终目的。通过学习应了解零件图与装配图的区别与联系,以及两种图样的主要内容,并且具备识读中等复杂程度的零件图与装配图的基本能力,能够绘制简单的零件图与装配图。

三、本课程的学习方法

本课程是一门实践性很强的技术基础课,重点任务是培养学生的读图能力,在学习本课程时应该注意以下几点:

（1）绘图与读图相融合：学习中，自始至终把物体的投影与物体的空间形状紧密联系，不断地由物想图和由图想物，既要想到物体的形状，又要思考作图的投影规律，逐步提高空间想象力和思维能力。

（2）学与练相结合：读图方法和技巧是在不断的练习和实践中逐步掌握和提高的。每堂课后，要反复复习相关原理和方法，认真完成相应的习题，通过大量的练习巩固所学。

（3）遵守相关标准和规定：学习本课程时，一定要遵守投影作图的基本规律，遵守国家标准关于《机械制图》、《技术制图》的相关规定，这是所有工程技术人员必须要做到的。

（4）树立严谨细致的学风：学习本课程中，无论是画图还是读图，都要认真细致，一丝不苟，严肃对待图中的每一条线，逐步养成严谨的工程意识。

第一章　机械制图的基本知识

第一节　国家标准关于制图的基本规定

图样作为技术交流的共同语言,必须有统一的规范。国家标准《技术制图》和《机械制图》是工程界重要的技术基础标准,是绘制和阅读机械图样的准则和依据。为了正确绘制和阅读机械图样,必须熟悉相关标准和规定。

我国的国家标准(简称"国标")代号为"GB","G"、"B"分别是"国标"两个字的汉语拼音的第一个字母。"GB"是国家强制性标准;"GB/T"是国家推荐标准("T"表示是推荐标准)。例如,"GB/T 14689—2008"是 2008 年发布的序号为 14689 的国家推荐标准。

本节摘录国家制图标准中的图纸幅面、比例、字体、图线等基本规定,其他标准将在有关章节中叙述。

一、图纸幅面及格式(GB/T 14689—2008)

1. 图纸幅面

图纸幅面是指由图纸宽度和长度组成的图面。

为了使图纸幅面统一,便于装订和保管以及符合缩微复制原件的要求,绘制工程图时,应优先采用如表 1-1 所示的基本幅面。必要时允许选用加长幅面,其尺寸必须是由基本幅面的短边成整数倍数增加后得出。

表 1-1　基本幅面与图框尺寸　　　　　　　　　　　　　　　　　　mm

幅面代号		A0	A1	A2	A3	A4
尺寸 $B \times L$		$841 \times 1\ 189$	594×841	420×594	297×420	210×297
边框	a	25				
	c	10			5	
	e	20			10	

2. 图框格式

在图纸上必须用粗实线画出图框,其格式分为留装订边和不留装订边两种。需要装订

机械制图

的图样,装订边预留 25 mm 宽,图框距离图纸边界的尺寸要依据图幅大小而定,图框格式如图 1-1 所示。不需装订的图样则不留装订边,其图框格式如图 1-2 所示。

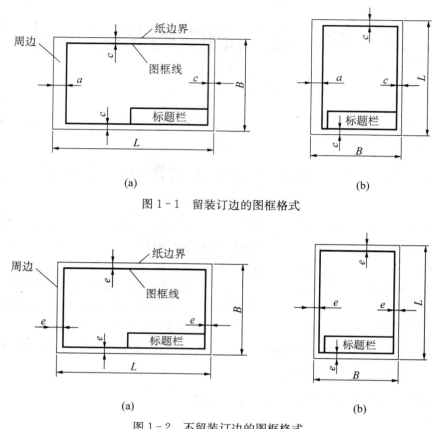

图 1-1　留装订边的图框格式

图 1-2　不留装订边的图框格式

3. 标题栏

每张图样都必须有标题栏,标题栏的位置一般位于图框右下角,标题栏的格式和尺寸按 GB/T 10609.1—2008 的规定。标题栏的外框是粗实线,其右边和底边与图框线重合,其余用细实线绘制。为了方便在学习本课程时作图,可采用如图 1-3 所示的简化标题栏。

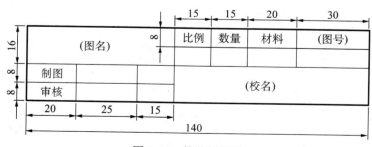

图 1-3　简化标题栏

二、比例(GB/T 14690—2008)

比例是指图样中图形与其实物相应要素的线性尺寸之比。绘图时,优先采用如表1-2所示的比例值。

表1-2 图样比例(优先系列)

种类	比 例		
原值比例	$1:1$		
放大比例	$5:1$ $5 \times 10^n : 1$	$2:1$ $2 \times 10^n : 1$	$1 \times 10^n : 1$
缩小比例	$1:2$ $1:2 \times 10^n$	$1:5$ $1:5 \times 10^n$	$1:10$ $1:1 \times 10^n$

注:n 为正整数

使用比例时要注意:

(1)无论采用何种比例画图,图上标注的尺寸必须是机件的实际尺寸,如图1-4所示。

(2)原则上,同一机件的各个视图采用相同的比例,并注在标题栏的比例栏内。如果某个视图不采用标题栏的比例栏内的比例,必须在视图名称的下方或右方注出其比例。

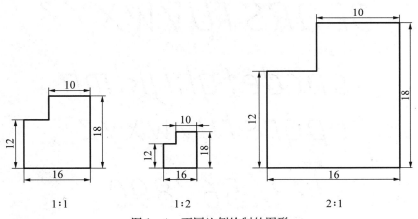

图1-4 不同比例绘制的图形

三、字体(GB/T 14691—2008)

图样和有关技术文件中注写的汉字、字母和数字必须做到:字体工整、笔画清楚、间隔均匀、排列整齐。字体的号数即字体高度(用 h 表示),较常用的有 1.8 mm,2.5 mm,3.5 mm,5 mm,7 mm,10 mm,14 mm,20 mm。

汉字要写成长仿宋体,并采用国家正式公布的简化字,汉字高度不小于3.5 mm,字宽一般为 $h/\sqrt{2}$。长仿宋体的书写要领:横平竖直、起落有锋、结构匀称、写满方格。如图1-5所示是长仿宋体汉字示例。

10 号字

横平竖直起落有锋结构匀称写满方格

7 号字

书写汉字字体工整笔画清楚间隔均匀排列整齐

5 号字

机械制图国家标准认真执行耐心细致技术要求尺寸公差配合性质

图 1-5　长仿宋体汉字示例

字母和数字各分 A 型和 B 型两种字体。A 型字体的笔画宽度 d 为字高 h 的 1/14，B 型字体的笔画宽度 d 为字高 h 的 1/10。同一图样只允许用一种字体。

字母和数字可写成斜体或正体。斜体字字头向右倾斜，与水平线成 75°角，如图 1-6 所示。

大写斜体

ABCDEFGHIJKLMN

OPQRSTUVWXYZ

小写斜体

abcdefghijklmn

opqrstuvwxyz

斜体

1234567890

正体

1234567890

图 1-6　字母和数字书写示例

四、图线（GB/T 17450—1998 和 GB/T 4457.4—2008）

1. 图线线型及应用

GB/T 4457.4—2008《机械制图　图样画法　图线》中规定了 9 种用于机械制图使用的图线标准。如表 1-3 所示是各种图线的名称、型式、图线宽度及其应用。如图 1-7 所示为线型应用举例。

表 1 – 3　机械制图使用的图线

图线名称	线　型	图线宽度	一般应用举例
粗实线	———————————	d	可见轮廓线 可见棱边线
细实线	———————————	$d/2$	重合断面的轮廓线；过渡线；尺寸线及尺寸界线；剖面线
波浪线	～～～～～	$d/2$	断裂处的边界线 视图和剖视图的分界线
双折线	─╱─╱─╱─	$d/2$	断裂处的边界线 视图和剖视图的分界线
细虚线	– – – – – –	$d/2$	不可见轮廓线 不可见棱边线
粗虚线	▬ ▬ ▬ ▬ ▬	d	允许表面处理的表示线
细点画线	— · — · — · —	$d/2$	轴线；对称中心线
粗点画线	▬ · ▬ · ▬ · ▬	d	限定范围表示线
细双点画线	— ·· — ·· — ··	$d/2$	相邻辅助零件的轮廓线 可动零件的极限位置的轮廓线 轨迹线；中断线

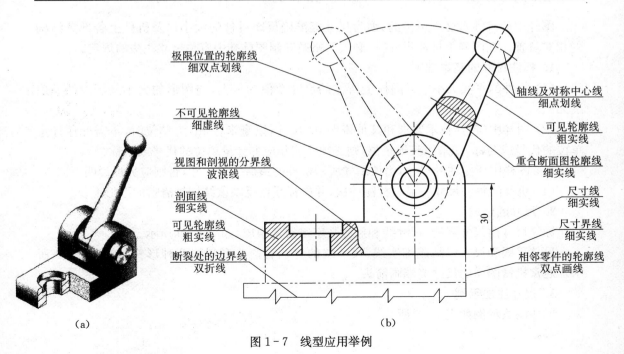

极限位置的轮廓线
细双点划线

不可见轮廓线
细虚线

视图和剖视的分界线
波浪线

剖面线
细实线

可见轮廓线
粗实线

断裂处的边界线
双折线

轴线及对称中心线
细点划线

可见轮廓线
粗实线

重合断面图轮廓线
细实线

尺寸线
细实线

尺寸界线
细实线

相邻零件的轮廓线
双点画线

30

（a）　　　　　　　　　　　　（b）

图 1 – 7　线型应用举例

2. 图线的尺寸

图线的宽度 d 应根据图幅的大小、机件的复杂程度等在下列数字系列中选择：0.13 mm、0.18 mm、0.25 mm、0.35 mm、0.5 mm、0.7 mm、1 mm、1.4 mm、2 mm。粗线的宽度通常采用 0.5 mm 或 0.7 mm。

机械图常采用的粗线宽度 d 为 0.5 mm～2 mm。

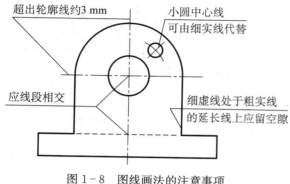

图 1-8　图线画法的注意事项

3. 图线画法注意事项（见图 1-8）

（1）在同一图样中，同类图线的宽度应一致，虚线、点画线、双点画线的线段长度和间隔应各自大致相同。

（2）点画线首末两端应是线段而不是短画。绘制圆的对称中心线时，圆心应在线段与线段的相交处，细点画线应超出圆的轮廓线约 3 mm。当所绘圆的直径较小，画点画线有困难时，细点画线可用细实线代替。

（3）细虚线、细点画线与其他图线相交时，都应以线段相交。当细虚线处于粗实线的延长线上时，细虚线与粗实线之间应有空隙。

（4）各种图线的优先次序：可见轮廓线—不可见轮廓线—尺寸线—各种用途的细实线—轴线、对称线。

五、尺寸注法（GB/T 4458.4—2003 和 GB/T 16675.2—1996）

图样中的尺寸是必不可少的，因为尺寸能准确反映机件的大小以及机件上各部分结构的相对位置。在图样上标注尺寸时，必须严格遵守制图标准中有关尺寸注法的规定。

1. 标注尺寸的基本规则

（1）机件的真实大小应以图样上所注的尺寸数值为依据，与图形的大小及绘图的准确度无关。

（2）图样中（包括技术要求和其他说明）的尺寸，以毫米（mm）为单位时，不需标注计量单位的代号或名称，如采用其他单位，则必须注明相应的计量单位的代号或名称。

（3）图样中所标注的尺寸，为该图样所示机件的最后完工尺寸，否则应另加说明。

（4）机件的每一尺寸一般只标注一次，并应标注在反映该结构最清晰的图形上。

2. 尺寸的组成

标注尺寸由尺寸界线、尺寸线和尺寸数字三要素组成，如图 1-9 所示。

尺寸界线和尺寸线画成细实线，尺寸线的终端有箭头和斜线两种形式，如图 1-10 所示。通常机械图样的尺寸终端画箭头。

3. 尺寸注法示例

尺寸注法示例如表 1-4 所示。

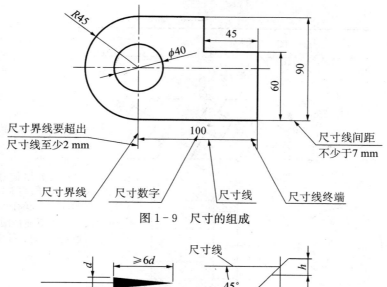

图 1-9 尺寸的组成

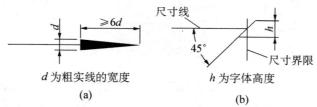

d 为粗实线的宽度

(a)

h 为字体高度

(b)

图 1-10 尺寸终端

（a）箭头终端画法 （b）斜线终端画法

表 1-4 尺寸注法示例

项目	图 例	说 明
尺寸界线	$2 \times R8$ 16 中心线作为尺寸界线 $2 \times \phi5$ 轮廓线作为尺寸界线 13 18 11 32 2—3毫米	尺寸界线应由图形的轮廓线、轴线或对称中心线处引出；也可利用轮廓线、轴线或对称中心线作尺寸界线 尺寸界线一般应与尺寸线垂直并超出尺寸线约 2~3 mm
尺寸线	$2 \times R8$ 16 大尺寸在外小尺寸在里 $2 \times \phi5$ 13 18 11 32 间距不小于7毫米	尺寸线不能用其他形式的图线代替，一般也不能与其他图线重合或画在其延长线上 尺寸线应平行于被标注的线段，其间隔及两平行的尺寸线间的间隔不小于 7 mm 尺寸线间或尺寸线与尺寸界线之间应尽量避免相交

 机械制图

项 目	图 例	说 明
尺寸数字	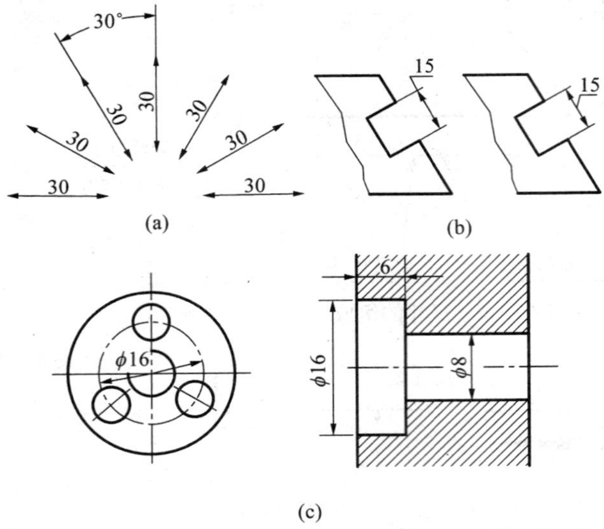 (a) (b) (c)	尺寸的数字一般应注写在尺寸线的上方或中断处 线性尺寸数字的注写方向如图(a)所示，并尽量避免在30°范围内标注尺寸，当无法避免时，可按如图(b)所示的形式标注 尺寸数字不能被图样上任何图线所通过，否则必须将该图线断开，如图(c)所示
直径和半径	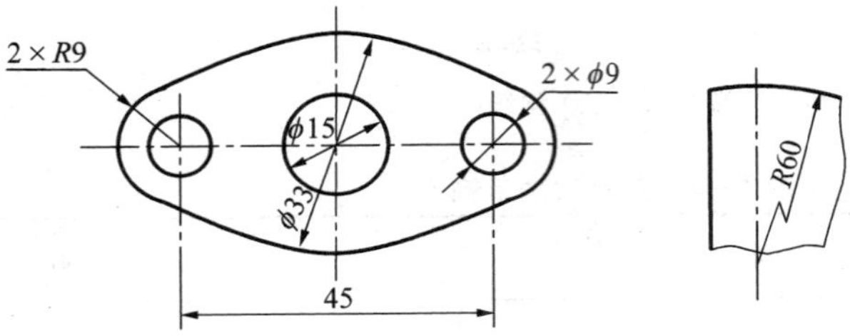	圆或大于半圆的弧一般注直径，在尺寸数字前加注符号 ϕ，小于或等于半圆的弧一般注半径，在尺寸数字前加注符号 R。直径和半径的尺寸线终端应画成箭头，尺寸线通过圆心或箭头指向圆心 圆弧的半径过大或在图纸范围内无法标出其圆心位置时，可采用折线形式标注
角度	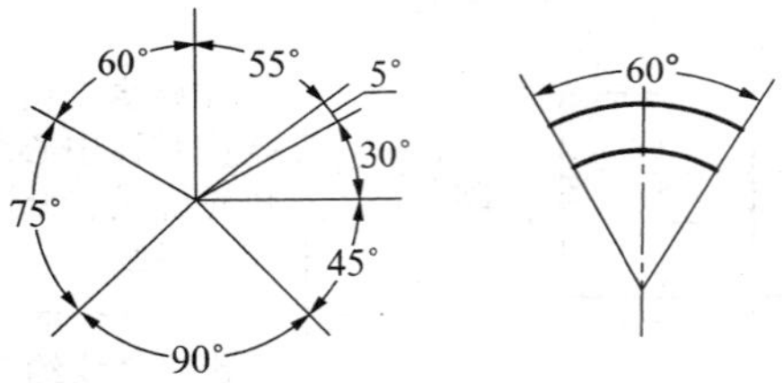	标注角度时，尺寸界线径向引出，尺寸线应画成圆弧，其圆心是该角的顶点，角度的尺寸数字一律写成水平方向，一般注写在尺寸线的中断处，必要时也可以用指引线引出注写
小尺寸	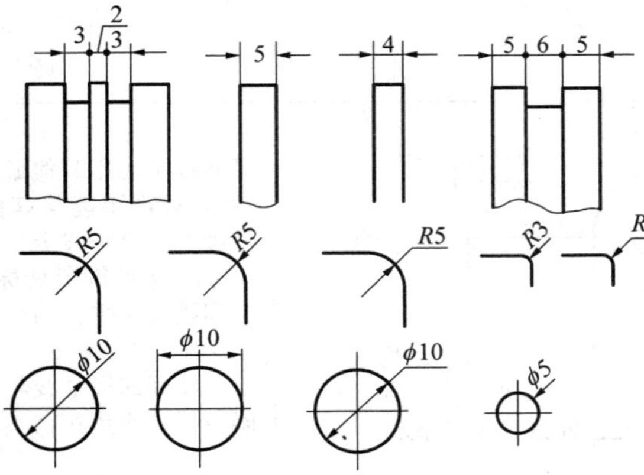	无足够位置注写小尺寸时，箭头可外移或用小圆点代替两个箭头；尺寸数字也可写在尺寸界线外或引出标注

（续表）

项目	图　例	说　明
对称机件的标注		当对称机件的图形只画出一半或略大于一半时,尺寸线应略超过对称中心或断裂处的边界线,此时仅在尺寸线的一端画出箭头

第二节　平面图形的画法

一、手工绘图常用绘图工具及其使用

1. 图板、丁字尺和三角板

（1）图板。板面要求平整,左边为导边,必须平直光滑。用来铺放图纸,图纸四周用胶带纸固定在图纸上。

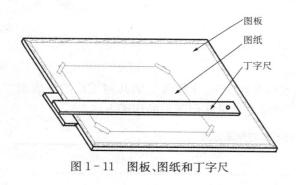

图 1-11　图板、图纸和丁字尺

图 1-12　使用丁字尺画水平线

（2）丁字尺。由尺头和尺身组成,主要用来画水平线。

（3）三角板。一副三角板是由一块 45°等腰直角三角形和一块 30°、60°的直角三角形组成。

2. 圆规和分规

（1）圆规。圆规主要是用来画圆及圆弧的。一般较完整的圆规应附有铅芯插腿、钢针插腿、直线笔插腿和延伸杆等,如图 1-13 所示。

（2）分规。分规主要是用来量取线段长度和等分线段的,如图 1-14 所示。

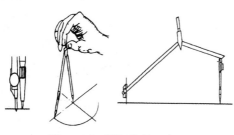

图 1-13 圆规的使用方法

图 1-14 分规的使用方法

3. 铅笔

铅笔用来画图线或写字。铅笔的铅芯软硬用字母"B"和"H"表示,"B"前的数字值越大,表示铅芯越软(黑);"H"前的数字值越大表示铅芯越硬。画图时常选用 2B、B、HB、H、2H 和 3H 的绘图铅笔。铅笔的削法如图 1-15 所示。

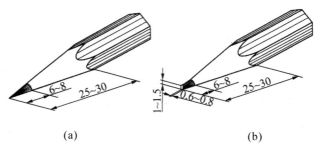

(a)   (b)

图 1-15 铅笔的削法

(a)硬度 H、2H 或 HB 铅笔   (b)软度 B 或者 2B 铅笔

二、几何图形画法

1. 等分圆周及作正多边形

机件的轮廓是由直线、圆弧和其他曲线组成的几何图形,了解常见的几何图形的正确画法,将有利于识读和绘制机械图样。如表 1-5 所示是常见几何图形的作图方法。

表 1-5 常见几何图形的作图方法

种类	作图步骤		说明
正六边形	（a）做法一	（b）做法二	做法一:利用外接圆半径作图;做法二:利用外接圆、内切圆以及三角板配合作图

（续表）

种类	作图步骤	说　明
斜度	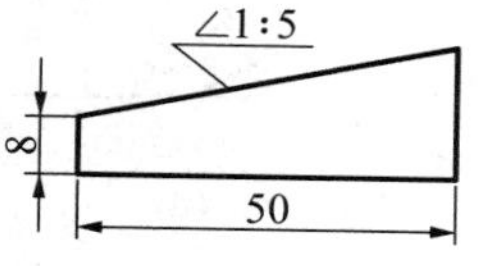 （a）已给图形 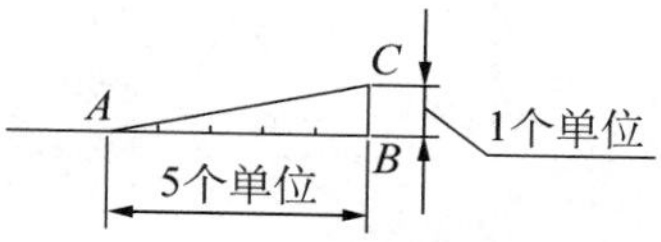　（b）作斜度 1:5 的辅助线 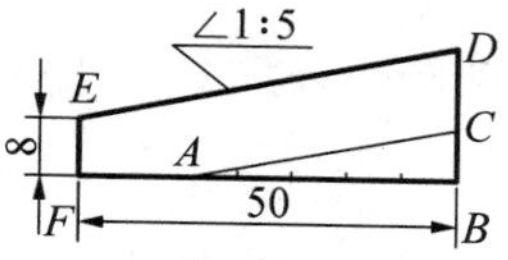 （c）完成作图	一直线（或平面）对另一直线（或平面）的倾斜程度称为斜度。其大小用该两直线（或平面）间夹角的正切来表示，通常把比值化成 $1:n$ 的形式 标注斜度符号时，其符号的斜边的斜向应与斜度的方向一致
锥度	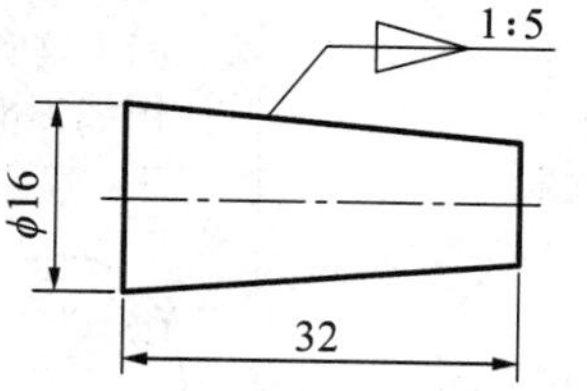 （a）已给图形 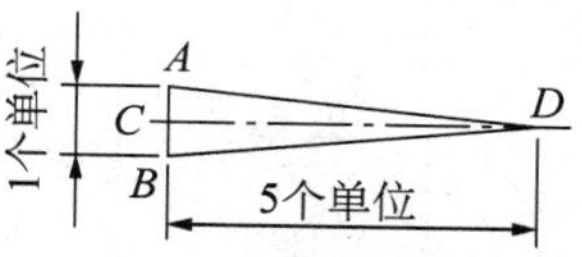　（b）作锥度 1:5 的辅助线 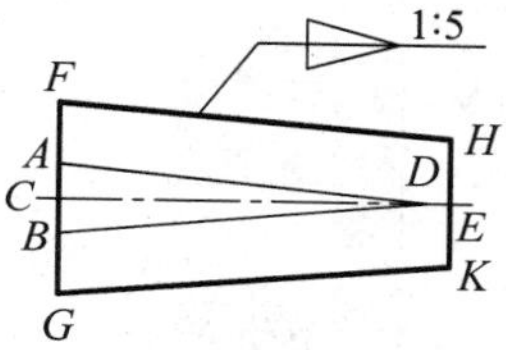 （c）完成作图	正圆锥底圆直径与其高度之比称为锥度。若是正圆锥台，则锥度为两底圆直径之差与其高度之比。通常也把锥度写成 $1:n$ 的形式 标注锥度符号时，锥度符号的尖端应与圆锥的锥顶方向一致

2. 圆弧连接

圆弧连接的实质是使用连接圆弧与已知直线或圆弧相切，其切点即为连接点。为了能准确连接，作图时必须先求出连接圆弧的圆心，再找连接点（切点），最后作出连接圆弧。

1）用圆弧连接两直线

与已知直线相切的圆弧，其圆心的轨迹是一条与已知直线平行的直线，距离为半径 R。从圆心向已知直线作垂线，垂足就是切点。如图 1-16 所示是用半径为 R 的圆弧连接两直线 L_1，L_2 的作图方法。

（1）分别作与直线 L_1，L_2 相距为 R 的平行线，交点 O 即为连接弧的圆心，如图 1-16（b）所示。

（2）自圆心 O 分别向直线 L_1 和 L_2 作垂线，垂足 K_1 和 K_2 即为切点，如图 1-16（c）所示。

（3）以 O 为圆心，R 为半径画弧 K_1K_2，即为所求连接弧，如图 1-16（d）所示。

2）用圆弧连接两圆弧

与已知圆弧相切的圆弧，其圆心的轨迹为已知圆弧的同心圆，该圆的半径随相切情况而

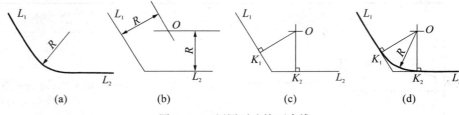

(a)   (b)   (c)   (d)

图 1-16 用圆弧连接两直线

定:当两圆弧外切时为两圆半径之和;内切时为两圆半径之差。切点在两圆心连线的延长线与已知圆弧的交点处。作图步骤如表 1-6 所示。

表 1-6 用圆弧连接其他几种状况的画法

状况	已知条件	作图方法与步骤		
		1. 求连接圆弧圆心	2. 求连接点(切点)A、B	3. 画连接圆弧,并按图线标准加粗
连接已知直线和圆弧				
外切连接已知两圆弧				
内切连接已知两圆弧				
分别外切和内切连接已知两圆弧				

三、平面图形的尺寸分析与作图

绘制平面图形前,首先要对图形进行尺寸和线段分析,以明确作图顺序,正确快速地画出平面图形。下面以如图1-17所示机械维修工具中常见手柄的平面图形为例进行分析。

1. 平面图形的尺寸分析

1)尺寸基准

尺寸基准是标注尺寸的起点。平面图形的

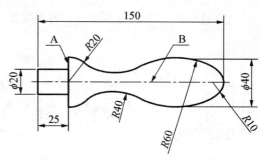

图1-17　平面图形的尺寸与线段分析

长度方向和高度方向都要确定一个尺寸基准。尺寸基准通常选用图形的对称轴线、底边、侧边、图中圆周或圆弧的中心线等。在如图1-17所示的平面图形中,水平中心线 B 是高度方向的尺寸基准,端面 A 是长度方向的尺寸基准。

2)定形尺寸和定位尺寸

定形尺寸是确定平面图形各组成部分大小的尺寸,如图1-17所示的 $R60$、$R40$、$R10$、$\phi20$ 等;定位尺寸是确定平面图形各组成部分相对位置的尺寸,如图1-17中的 $\phi40$、长度25等,该图中还有的定位尺寸需经计算后才能确定,如半径为 $R10$ 的圆弧,其圆心在水平中心线 B 上,且到端面 A 的距离为 $[150-(25+10)]=115$。从尺寸基准出发,通过各定位尺寸,可确定图形中各组成部分的相对位置,通过各定形尺寸,可确定图形中各组成部分的大小。

3)尺寸标注的基本要求

平面图形的尺寸标注要做到正确、完整、清晰。

尺寸标注应符合国家标准的规定;标注的尺寸应完整,没有遗漏的尺寸;标注的尺寸要清晰、明显,并标注在便于读图的地方。

2. 平面图形的线段分析

在绘制有连接作图的平面图形时,需要根据尺寸的条件进行线段分析。平面图形的圆弧连接处的线段,根据尺寸是否完整可分为三类:

(1)已知线段:根据给出的尺寸可以直接画出的线段称为已知线段。即这个线段的定形尺寸和定位尺寸都完整。如图1-17所示,圆心位置由尺寸25、$[150-(25+10)]=115$ 确定的半径为 $R20$、$R10$ 的两个圆弧是已知线段(也称为已知弧)。

(2)中间线段:有定形尺寸,缺少一个定位尺寸,需要依靠两端相切或相接的条件才能画出的线段称为中间线段。如图1-17所示,$R60$ 的圆弧是中间线段(也称为中间弧)。

(3)连接线段:图1-17中圆弧 $R40$ 的圆心,其两个方向定位尺寸均未给出,而需要用与两侧相邻线段的连接条件来确定其位置,这种只有定形尺寸而没有定位尺寸的线段称为连接线段(也称为连接弧)。

3. 平面图形的画法

(1)首先对平面图形进行尺寸分析和线段分析,找出尺寸基准和圆弧连接的线段,拟定作图顺序。

(2)选定比例,画底稿。先画平面图形的对称线、中心线或基准线,再依次画出已知线段、中间线段、连接线段。校核修正图形。

(3)按规定线型对图线描粗加深,画尺寸线和尺寸界线,写尺寸数字,再次校核修正。

绘制图 1-17 手柄平面图形的步骤如图 1-18 所示。

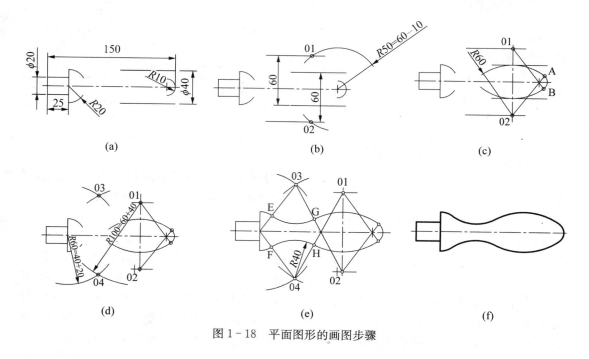

(a)　　　　　　　　　　(b)　　　　　　　　　　(c)

(d)　　　　　　　　　　(e)　　　　　　　　　　(f)

图 1-18　平面图形的画图步骤

第三节　投影法概述

一、投影法的概念

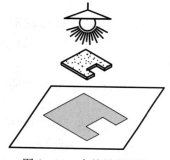

图 1-19　自然界的投影

物体被光线照射后,会在预设的表面(如墙壁、地面、幕布等)上产生影子,这就是自然界的投影现象,如图 1-19 所示。物体的影子在预设的表面上形成一个图形,它在一定程度上反映了物体的形状。

在工程图学中,用投射线通过物体,把物体投射到特定的表面上而得到物体图形的方法称为**投影法**。所设定的表面称为**投影面**,在投影面上的图形称为**物体的投影**,如图 1-20 所示。可见,要产生投影必须具备投射线、物体、投影面,这是投影的三要素。

二、投影法的分类

根据投射线之间的相互关系,可将投影法分为中心投影法和平行投影法。

1. 中心投影法

当投射中心 S 在距离投影面有限远的地方,所有的投射线都汇交于投射中心,这种投影方法称为**中心投影法**,如图 1-20 所示。改变物体与投影面间的距离,物体的投影大小会发生变化。

　　用中心投影法画出的图形称为**透视图**,其立体感强,符合人们的视觉习惯,常用于绘制建筑效果图;但透视图作图复杂,度量性差,不适合绘制机械图样。

2. 平行投影法

　　把投射中心 S 移到离投影面无限远处,则投射线成为互相平行的直线,这种投影方法称为**平行投影法**。在平行投影法中,因为投射线互相平行,改变物体与投影面间的距离,物体投影的大小、形状都不发生变化。

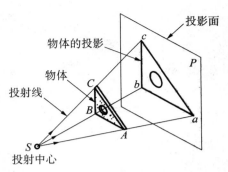

图 1-20　投影法的概念(中心投影法)

　　根据投射线与投影面之间是否垂直,平行投影法又分为斜投影法和正投影法**两种:投射线与投影面倾斜时称为斜投影法**,简称**斜投影**,如图 1-21(a)所示;投射线与投影面垂直时称为**正投影法**,简称**正投影**,如图 1-21(b)所示。

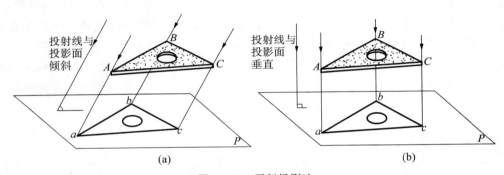

图 1-21　平行投影法

(a) 斜投影法　(b) 正投影法

　　正投影因其度量性好,作图方便,在工程中得到了广泛的应用,机械图样就是用正投影绘制的。正投影法是机械制图的基础,是本课程学习的重点。为了叙述简单明了,本书下文把“正投影”简称为“投影”。

三、正投影法的基本性质

　　1) 真实性

　　平面图形(或直线段)平行于投影面时,其正投影反映实际形状(或实际长度),这种投影性质称为真实性或全等性,如图 1-22(a)所示。

　　2) 积聚性

　　平面图形(或直线段)垂直于投影面时,其正投影积聚为线段(或一点),这种投影性质称为积聚性,如图 1-22(b)所示。

　　3) 类似性

　　平面图形(或直线段)倾斜于投影面时,其正投影变小(或变短),但投影形状相类似,这种投影性质称为类似性,如图 1-22(c)所示。

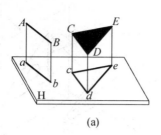
(a)

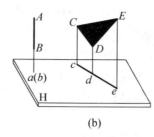
(b)

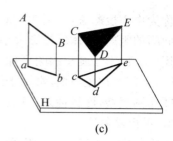
(c)

图 1-22　正投影法的基本性质

（a）真实性　（b）积聚性　（c）类似性

第四节　物体的三视图

　　工程上绘制图样的方法主要是正投影法,但用正投影法绘制一个投影图来表达物体的形状往往是不够的,如图 1-23 所示,4 个形状不同的物体在投影面上具有相同的正投影,单凭这个投影图来确定物体的唯一形状,是不可能的。而对于有些物体或者一些较为复杂的形体,即便是向两个投影面投射获得两面投影,也不能确定物体的唯一形状,如图 1-24 所示的三个形体。由此可见,若要使正投影图确定物体的形状结构,有时仅有一面或两面投影是不够的,可能需要三面甚至多面正投影,下面就介绍三投影面体系的建立以及物体的三面投影。

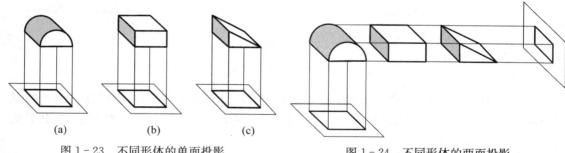

(a)　　　　(b)　　　　(c)

图 1-23　不同形体的单面投影　　　　图 1-24　不同形体的两面投影

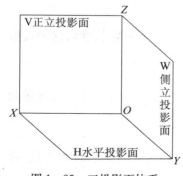

图 1-25　三投影面体系

一、三投影面体系的建立

　　将三个两两互相垂直的平面作为投影面,组成一个三投影面体系,如图 1-25 所示。其中水平投影面用 H 表示,简称**水平面**或 **H 面**;正立投影面用 V 表示,简称**正面**或 V 面;侧立投影面用 W 表示,简称**侧面**或 W 面。两投影面的交线称为**投影轴**,H 面与 V 面的交线为 **OX 轴**,H 面与 W 面的交线为 **OY 轴**,V 面与 W 面的交线为 **OZ 轴**,三条投影轴两两互相垂直并汇交于原点 **O**。

二、三视图的形成

用正投影法,将物体向投影面投射所得到的图形,称为**视图**。

将物体放置于三投影面体系中,并注意安放位置适宜,即把形体的主要表面与三个投影面对应平行,用正投影法进行投射,即可得到三个方向的正投影图,如图 1-26 所示。从前向后投射,在 V 面得到正面投影,称为**主视图**;从上向下投射,在 H 面上得到水平投影,称为**俯视图**;从左向右投射,在 W 面上得到侧面投影图,称为**左视图**。这样就得到了物体的主、俯、左三个视图。

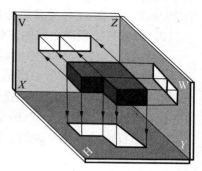

图 1-26　三视图的形成

为了把三个投影面上的投影画在一张二维的图纸上,假设沿 OY 投影轴将三投影面体系剪开,保持 V 面不动,H 面沿 OX 轴向下旋转 90°,W 面沿 OZ 轴向后旋转 90°,展开三投影面体系,使三个投影面处于同一个平面内,如图 1-27 所示。需要注意的是:这时 Y 轴分为两条,一条随 H 面旋转到 OZ 轴的正下方,用 Y_H 表示;一条随 W 面旋转到 OX 轴的正右方,用 Y_W 表示,如图 1-28(a)所示。

实际绘图时,不必画出投影面的边框,不必写 H、V、W 字样,也不必画出投影轴(又叫无轴投影),只要按方位和投影关系,画出主、俯、左三个视图即可,如图 1-28(b)所示,这就是物体的三面正投影图,简称**三视图**。

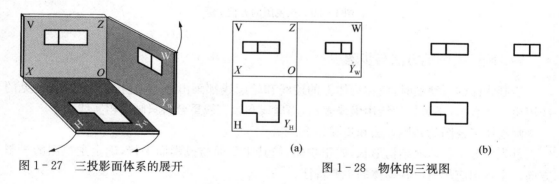

图 1-27　三投影面体系的展开

(a)　　　　(b)

图 1-28　物体的三视图

三、三视图之间的关系

1. 位置关系

在看图和画图时必须注意,以主视图为准,俯视图在主视图的正下方,左视图在主视图的正右方。画三视图时,一般应按上述位置配置,且不需标注其名称。

2. 尺寸关系

在三投影面体系中,物体的 X 轴方向尺寸称为长度,Y 轴方向尺寸称为宽度,Z 轴方向尺寸称为高度,如图 1-28(b)所示。在物体的三面投影中,水平投影图和正面投影图在 X 轴方向都反映物体的长度,它们的位置左右应对正,即“**长对正**”。正面投影图和侧面投影图在 Z 轴方向都反映物体的高度,它们的位置上下应对齐,即“**高平齐**”;水平投影图和侧面投影图在 Y 轴方向都反映物体的宽度,这两个宽度一定相等,即“**宽相等**”。

主俯视图长对正;主左视图高平齐;俯左视图宽相等。

这称为"**三等关系**",也称"**三等规律**",它是三视图之间最基本的投影关系,是画图和读图的基础。注意,这种关系无论是对整个物体还是对物体局部的每一点、线、面均适用。

3. 物体与三视图之间的方位关系

物体在三投影面体系中的位置确定后,相对于观察者,它在空间就有上、下、左、右、前、后六个方位,如图 1-29(a)所示。每个投影图都可反映出其中四个方位。V 面投影反映形体的上、下和左、右关系,H 面投影反映形体的前、后和左、右关系,W 面投影反映形体的前、后和上、下关系,如图 1-29(b)所示。而且,俯、左视图远离主视图的一侧反映的是物体的前面,靠近主视图的一侧反映的是物体的后面。

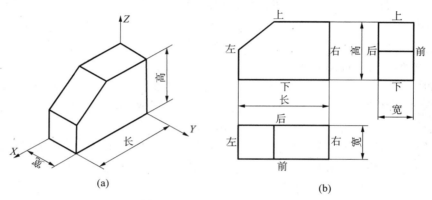

图 1-29 三视图的方位关系

四、画三视图的方法与步骤

绘制物体的三视图时,应将物体上的棱线和轮廓线都画出来,并且按投影方向,可见的线用粗实线表示,不可见的线用虚线表示,当虚线和粗实线重合时只画出粗实线。

画物体三视图的基本方法和步骤如下:

首先应分析物体的结构形状,放正物体,使其主要面与投影面平行,确定主视图的投影方向。主视图应尽量反映物体的主要特征。

作图时,先画出三个视图的定位基准线,即物体的对称线、中心线或者比较长的轮廓线,然后根据"**长对正、高平齐、宽相等**"的投影规律,将物体的各组成部分依次画出。

画完三视图,要将其与物体相互对照,即图、物对照和物、图对照。此时若能在头脑中建立起投射的空间形象,并联想三视图的形成过程,效果最好。然后避开立体图,只看三视图,想象物体的整体形状。

例 1 根据如图 1-30(a)所示立体图,画出物体的三视图。

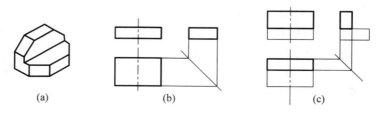

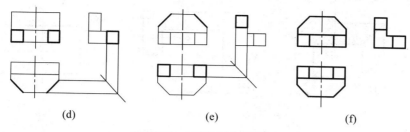

$$（d）\qquad（e）\qquad（f）$$

图 1-30　三视图的画图步骤

（a）轴测图　（b）画底板　（c）画后立板　（d）画底板斜面
（e）画后立板斜面　（f）完成后的三视图

第五节　点、线、面的投影

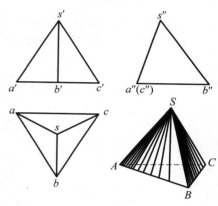

图 1-31　三棱锥表面上的点、线、面

任何物体的表面形状都是由点、线、面等几何元素构成的。如图 1-31 所示三棱锥，是由 $\triangle SAB$、$\triangle SCA$、$\triangle SCB$、$\triangle ABC$ 四个平面形所围成，各平面分别交于棱线 SA、SB、SC、AB、AC、BC，各棱线汇交于顶点 S、A、B、C。显然，绘制三棱锥的投影，实质上就是画出构成三棱锥的这些面、交线和交点的投影。由此可见，要正确且迅速地表达物体，掌握其表面的几何元素点、直线和平面的投影，就显得十分重要。理解和掌握点、线、面的投影特性，快速、准确地识读点、线、面的投影图，也是识读复杂形体视图的基础。

一、点的投影

1. 点的三面投影

在投影图中，统一规定：空间点用大写字母表示，其在 H 面的投影用相应的小写字母表示；在 V 面的投影用相应的小写字母右上角加一撇表示；在 W 面投影用相应的小写字母右上角加两撇表示。如图 1-32（a）所示，将空间点 A 放置在三投影面体系中，过点 A 分别作垂直于 H 面、V 面、W 面的投射线，投射线与 H 面的交点（即垂足点）a 称为 A 点的水平投影（H 投影）；投射线与 V 面的交点 a' 称为 A 点的正面投影（V 投影）；投射线与 W 面的交点 a'' 称为 A 点的侧面投影（W 投影）。图中 a_x、a_y、a_z 分别为 A 点的投影向相应投影轴 OX、OY、OZ 所作垂线的垂足。如图 1-32（b）、（c）所示为点的三面投影图。

2. 点的三面投影规律

如图 1-32 所示，可得出点的三面投影规律：

点的正面投影和水平投影的连线垂直于 OX 轴（$aa' \perp OX$）；点的正面投影和侧面投影

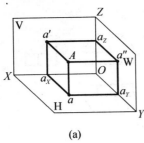
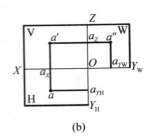
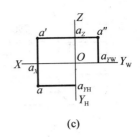

$$(a) \qquad\qquad (b) \qquad\qquad (c)$$

图 1-32　点的三面投影

的连线垂直于 OZ 轴($a'a'' \perp OZ$);点的水平投影到 OX 轴的距离等于点的侧面投影到 OZ 轴的距离($aa_x = a''a_z$)。

　　点的三面投影规律,实质上反映了"**长对正、高平齐、宽相等**"的投影规律。

　　根据上述投影特性可知:在三投影面体系中,由点的两面投影就可确定点的空间位置,故只要已知点的任意两个投影,就可以运用投影规律求出该点的第三个投影。

　　例 2　已知点 A 的水平投影 a 和正面投影 a',求其侧面投影 a'',如图 1-33(a)所示。

　　解:作图步骤如下:

　　① 过 a' 引 OZ 轴的垂线 $a'a_z$,所求 a'' 必在这条延长线上。

　　② 在 $a'a_z$ 的延长线上截取 $a_z a'' = aa_x$, a'' 即为所求。如图 1-33(b)所示。

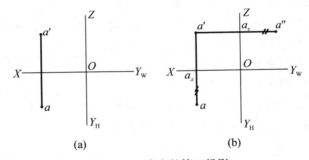

$$(a) \qquad\qquad\qquad (b)$$

图 1-33　求点的第三投影

　　在投影图中,为了直观地表达 $aa_x = a''a_z$ 的关系,也可以过原点 O 作 45°辅助线,过 a 作 $aa_{YH} \perp OY_H$ 并延长交所作辅助线于一点,过此点作 OY_W 轴垂线交 $a'a_z$ 于一点,此点即为 a'',如图 1-34(a)所示;还可以原点 O 为圆心,以 aa_x 为半径作弧,再向上引垂线,如图 1-34 (b)所示。

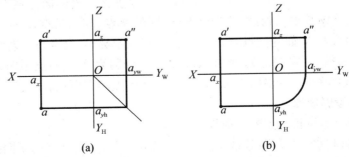

$$(a) \qquad\qquad\qquad (b)$$

图 1-34　确定水平投影与侧面投影 Y 方向的相等位置

3. 点的投影与其直角坐标的关系

若将三面投影体系中的三个投影面看作是直角坐标系中的三个坐标面,则三条投影轴相当于坐标轴,原点相当于坐标原点。如图 1-35 所示:空间点 $A(X, Y, Z)$ 到三个投影面的距离可以用直角坐标来表示,即:空间点 A 到 W 面的距离,等于点 A 的 X 轴坐标,即 $a''A = x$;空间点 A 到 V 面的距离,等于点 A 的 Y 轴坐标,即 $a'A = y$;空间点 A 到 H 面的距离,等于点 A 的 Z 轴坐标,即 $Aa = z$。

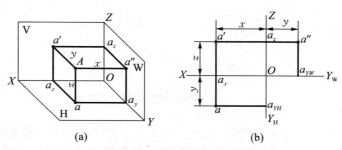

(a)　　　　　　　(b)

图 1-35　点的投影与其直角坐标的关系

由此可见,若已知点的直角坐标,就可以作出点的三面投影。而点的任何一面投影都反映了点的两个坐标,点的两面投影即可反映点的三个坐标,也就确定了点的空间位置。

例 3　已知点 A 的坐标为 $(15, 10, 20)$,求作其三面投影图。

解: 从点 A 的三个坐标值可知,点 A 到 W 面的距离为 15,到 V 面的距离为 10,到 H 面的距离为 20。根据点的投影规律和点的三面投影与其三个坐标的关系,即可求得点 A 的三个投影。作图过程如下:

① 画出投影轴,并标出相应的符号,如图 1-36(a)所示。

② 从原点 O 沿 OX 轴向左量取 $x = 15$,得 a_x;然后过 a_x 作 OX 的垂线,由 a_x 沿该垂线向下量取 $y = 10$,即得点 A 的水平投影 a;向上量取 $z = 20$,即得点 A 的正面投影 a',如图 1-36(b)所示。

③ 侧面投影 a'',可用知二求三的作图方法求得,如图 1-36(c)所示。

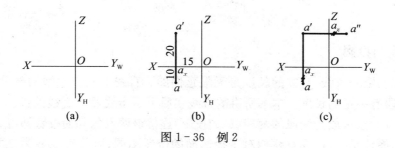

(a)　　　　　　(b)　　　　　　(c)

图 1-36　例 2

4. 两点的相对位置

空间两点的相对位置是指两点间的上下、左右、前后关系。两点的相对位置可以根据其坐标关系来确定:X 坐标大者在左,小者在右;Y 坐标大者在前,小者在后;Z 坐标大者在上,小者在下。也可以根据它们的同面投影来确定:V 投影反映它们的上下、左右关系,H 投影

反映它们的左右、前后关系,W 投影反映它们的上下、前后关系。利用两点的坐标差可以确定两点间确切的相对位置,如图 1-37 所示。

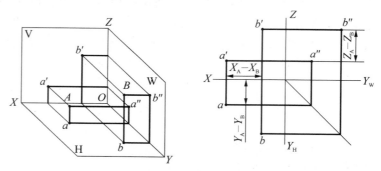

图 1-37　根据两点的投影判断其相对位置

当空间两点的某两个坐标相等时,这两点处于某一投影面的同一投射线上,它们在该投影面上的投影必定重合为一点,这两点被称为对该**投影面的重影点**。若沿着其投射方向观察,则一点可见,另一点不可见(加圆括号表示)。其可见性需根据这两点不重合的投影的坐标大小来判断,即当两点的 V 面投影重合时,则 Y 坐标大者,点在前,为可见(见图 1-38);当两点的 H 面投影重合时,则 Z 坐标大者,点在上,为可见;当两点的 W 面投影重合时,则 X 坐标大者,点在左,为可见。

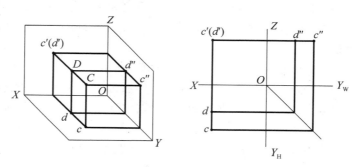

图 1-38　重影点

二、直线的投影

两点可以决定一直线,直线的长度是无限延伸的。直线上两点之间的部分(一段直线)称为线段,线段有一定的长度。本书所讲的直线实质上是指线段。直线的投影,一般只要作出直线上任意两点(一般为线段的两端点)的投影,连接该两点的同面投影即可。

在三投影面体系中,依据直线相对于投影面的位置不同,可将直线分为三类:投影面垂直线、投影面平行线和一般位置直线。

1. 投影面垂直线

垂直于一个投影面的直线称为**投影面垂直线**,它分为三种:垂直于 H 面的直线称为**铅垂线**,垂直于 V 面的直线称为**正垂线**,垂直于 W 面的直线称为**侧垂线**。它们的投影特性如表 1-7 所示。

对投影面垂直线,画图时,一般先画积聚成点的那个投影。读图时,如果直线的投影中,有一投影积聚成点,则该直线一定是投影面垂直线,垂直于其投影积聚成点的那个投影面。

表 1-7　投影面垂直线的投影

	立体图	立体的投影图	直线的投影图	投影特性
正垂线	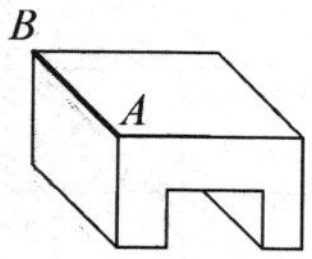	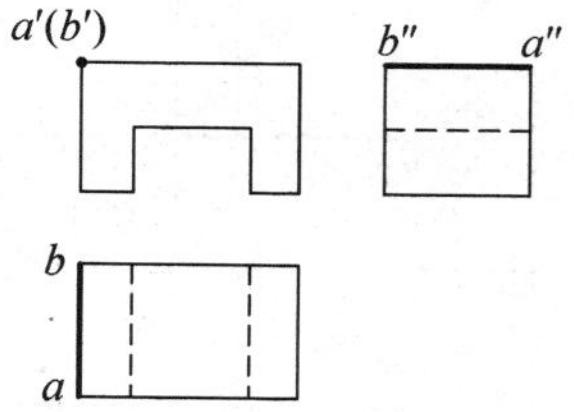	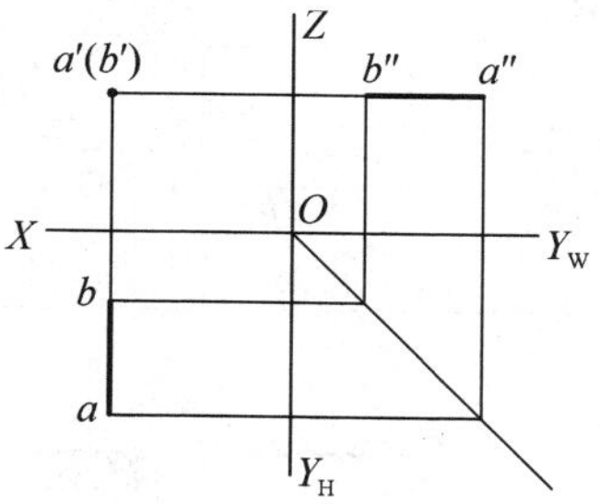	$a'b'$ 积聚成一点。 ab // OY_H, $a''b''$ // OY_W, 并反映实长
铅垂线	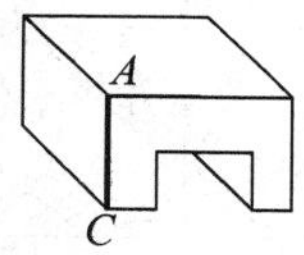	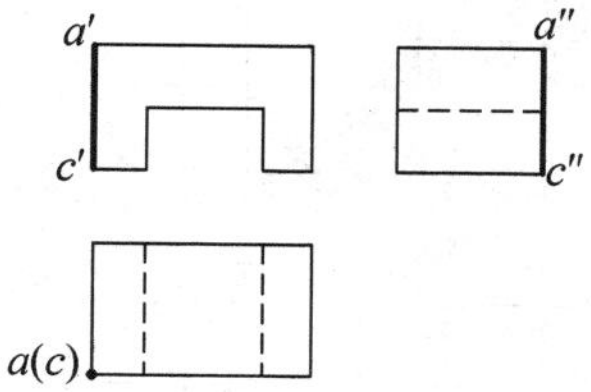	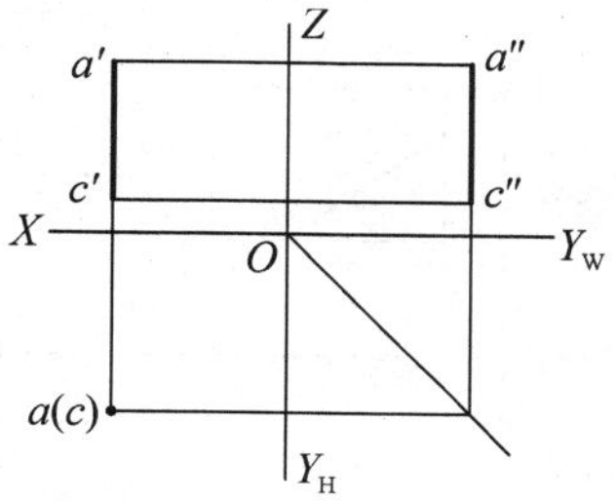	ac 积聚成一点。 $a'c'$ // OZ, $a''c''$ // OZ, 并反映实长
侧垂线	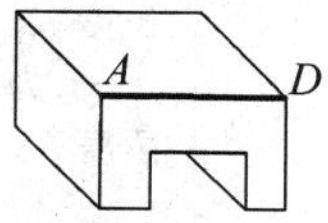	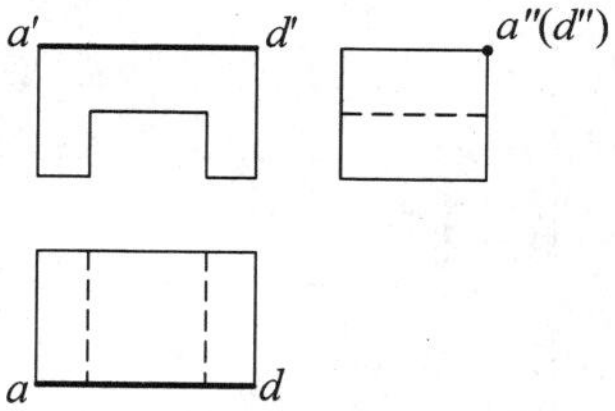	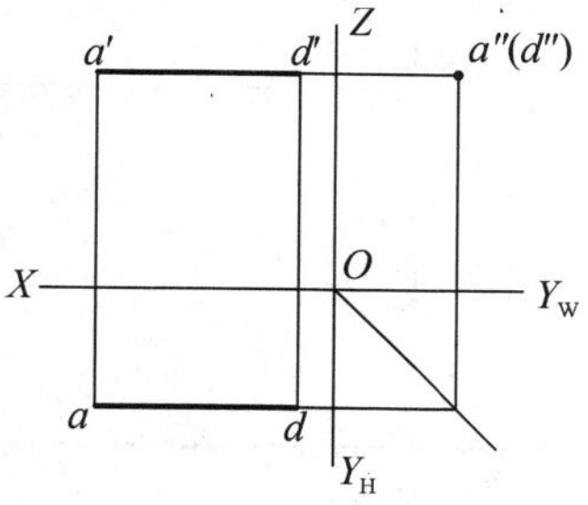	$a''d''$ 积聚成一点。 $a'd'$ // OX, ad // OX, 并反映实长

2. 投影面平行线

平行于一个投影面而与另外两个投影面都倾斜的直线,称为**投影面平行线**。也可分为三种:平行于 H 面,同时倾斜于 V、W 面的直线称为**水平线**,平行于 V 面,同时倾斜于 H、W 面的直线称为**正平线**,平行于 W 面,同时倾斜于 H、V 面的直线称为**侧平线**。它们的投影特性如表 1-8 所示。

对于投影面平行线,画图时,应先画反映实际长度的那个投影(与投影轴倾斜的斜线)。读图时,如果直线的投影中,有一个投影与投影轴倾斜,另两投影与相应投影轴平行,则该直线一定是投影面平行线,平行于其投影为倾斜线的那个投影面。

表 1 - 8   投影面平行线的投影

立体图	立体的投影图	直线的投影图	投影特性
正平线			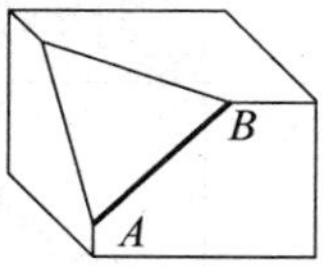 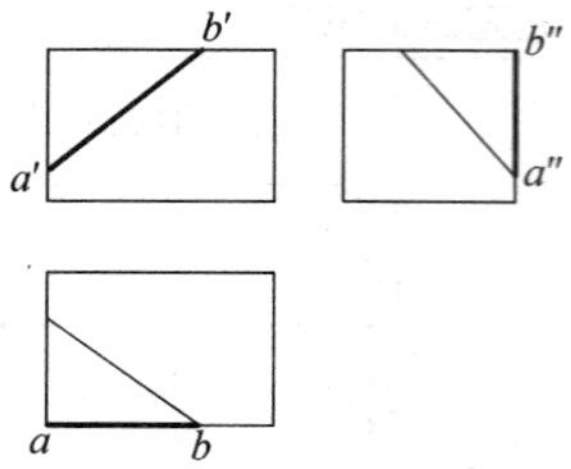 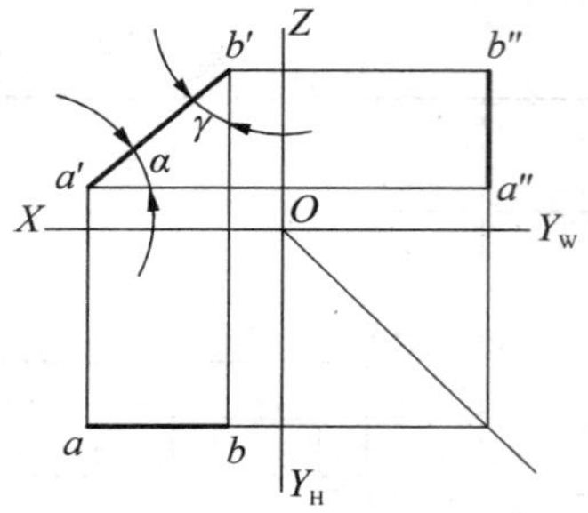 $ab \parallel OX$，$a''b'' \parallel OZ$，长度缩短。$a'b'$ 反映实际长度。α、γ 为实际角度，$\beta = 0°$
水平线			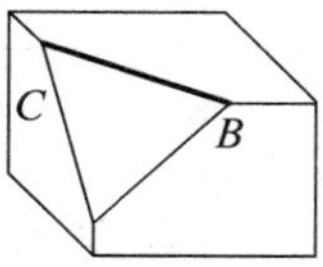 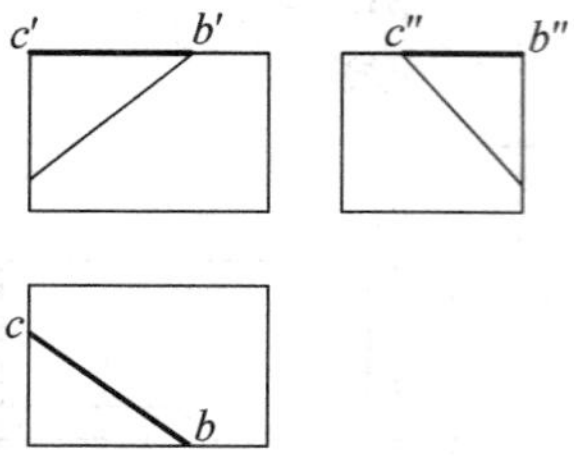 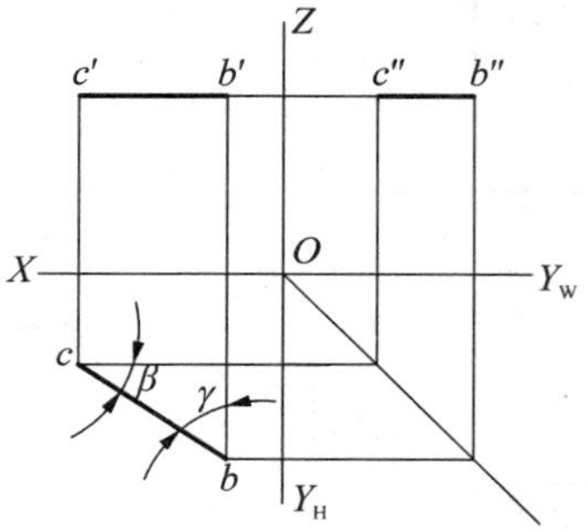 $c'b' \parallel OX$，$c''b'' \parallel OY_W$，长度缩短。cb 反映实际长度。β、γ 为实际角度，$\alpha = 0°$
侧平线			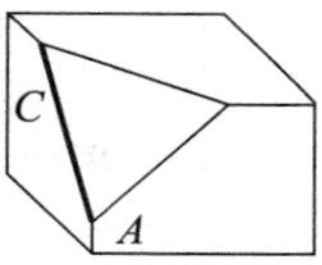 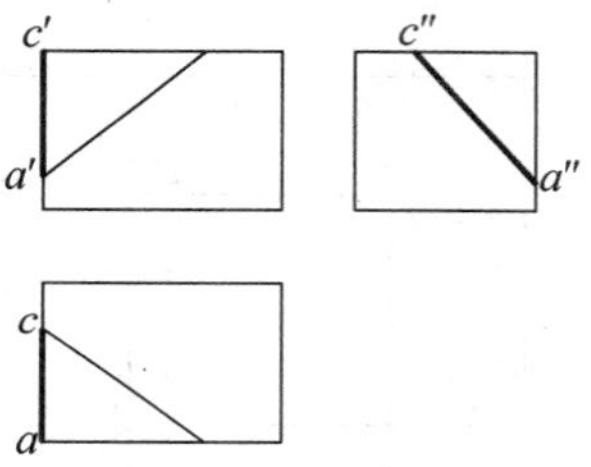 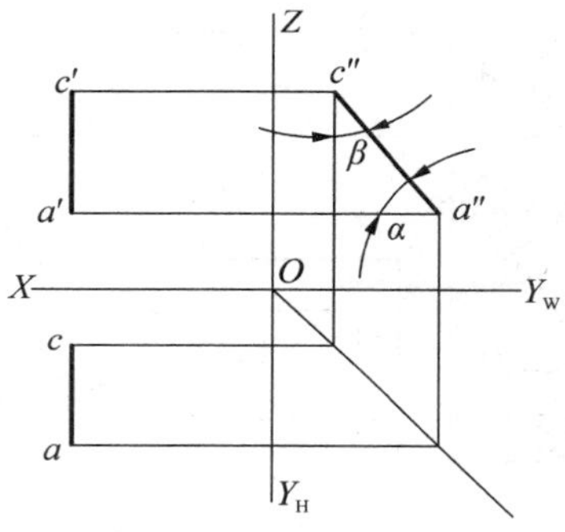 $c'a' \parallel OZ$，$ca \parallel OY_H$，长度缩短。$c''a''$ 反映实际长度。α、β 为实际角度，$\gamma = 0°$

3. 一般位置直线

对三个投影面都倾斜的直线称为一般位置直线。其三面投影都与投影轴倾斜，它们与投影轴的夹角不反映该直线对投影面的倾角，三个投影的长度都小于实际长度，如图 1 - 39 所示的直线 AB。读图时，当直线各投影均与投影轴倾斜时，该直线一定为一般位置直线。

4. 直线上点的投影

直线上点的投影具有以下特性：

(1) 点在直线上，则点的投影必在该直线的同面投影上。反之，如果点的各投影均在直线的各同面投影上，则点必在该直线上，如图 1 - 40(a)、(b)所示。

(2) 直线上的点分割直线之比，其投影仍保持不变。如图 1 - 40(a)、(b)所示，点 K 在直线 AB 上，则 $AK : KB = ak : kb = a'k' : k'b' = a''k'' : k''b''$。

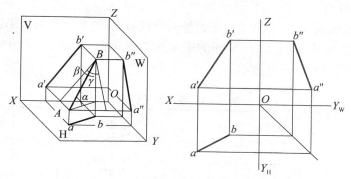

图 1-39 一般位置直线

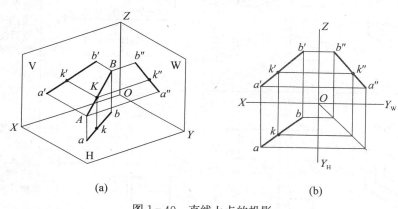

(a)   (b)

图 1-40 直线上点的投影

三、平面的投影

从几何学可知,不在同一直线上的三点、一直线和直线外一点、两平行直线、两相交直线、任意平面图形均可以确定一个平面。在投影上,可以用它们中任何一种几何元素的投影来表示平面,如图 1-41 所示。而表示平面最直观的方式是使用平面图形。

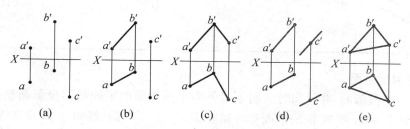

(a)   (b)   (c)   (d)   (e)

图 1-41 平面的几何元素表示法

(a) 不在同一直线上的三点   (b) 一条直线和直线外一点
(c) 相交两直线   (d) 平行两直线   (e) 任意平面图形

根据平面与投影面的相对位置的不同,将空间平面分为两大类:投影面平行面、投影面垂直面和一般位置平面。

1. 投影面平行面

平行于一个投影面(同时必然垂直于另外两个投影面)的平面称为**投影面平行面**。平行于 H 面的平面称为**水平面**,平行于 V 面的平面称为**正平面**,平行于 W 面的平面称为**侧平面**。它们的投影特性如表1-9所示。

表1-9 投影面平行面

	立体图	立体的投影图	平面的投影图	投影特性
正平面	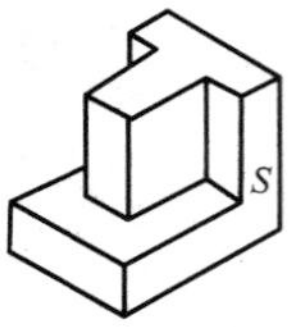	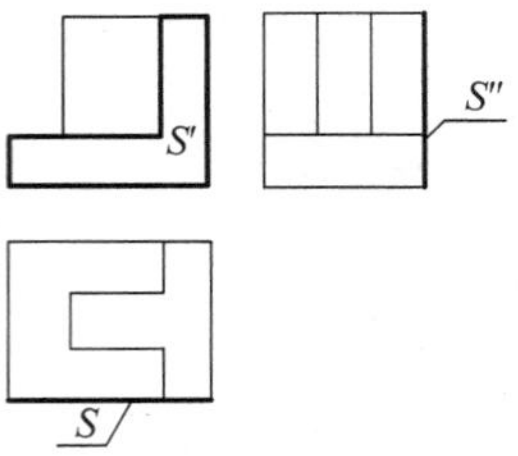	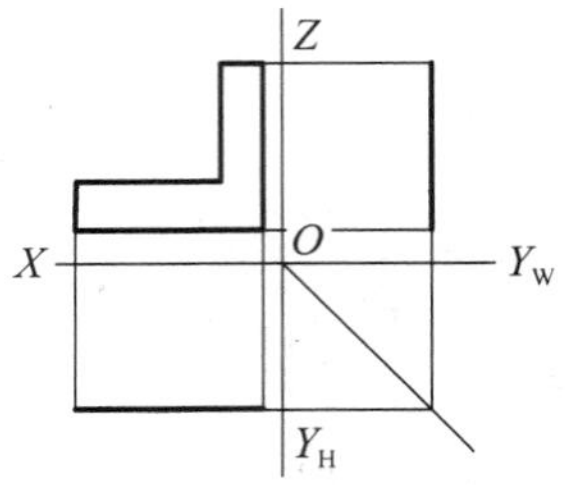	正面投影反映实际图形。 水平投影积聚成直线,平行于 OX 轴。 侧面投影积聚成直线,平行于 OZ 轴
水平面	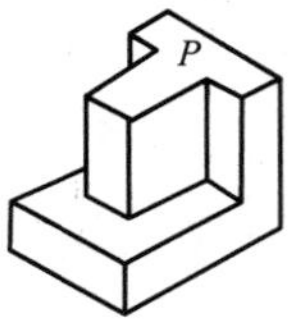	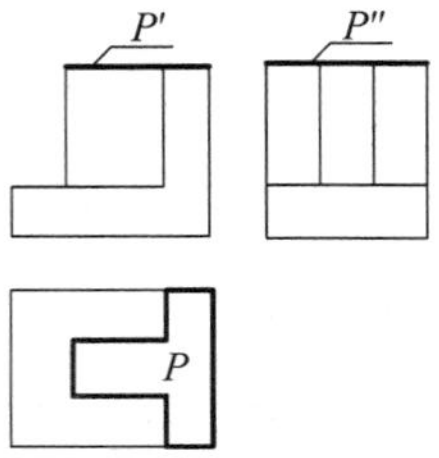	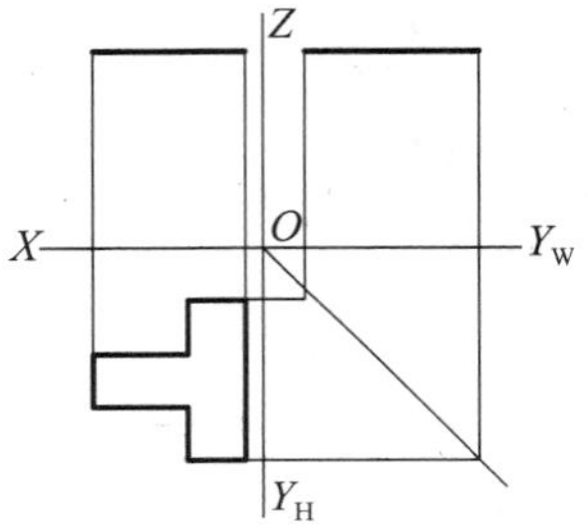	水平投影反映实际图形。 正面投影积聚成直线,平行于 OX 轴。 侧面投影积聚成直线,平行于 OY_W 轴
侧平面	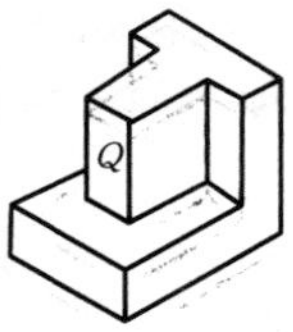	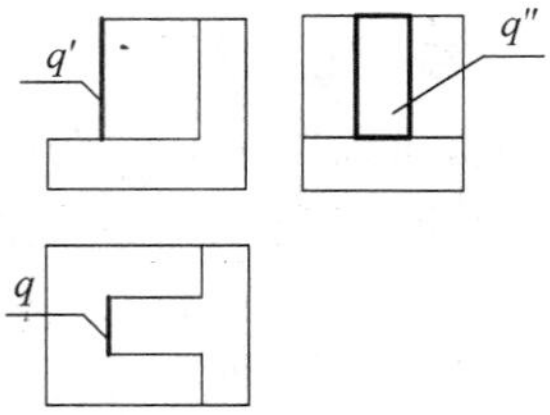	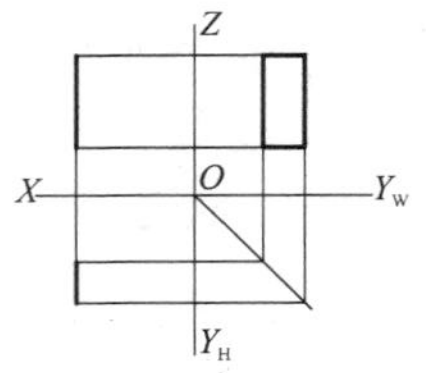	侧面投影反映实际图形。 正面投影积聚成直线,平行于 OZ 轴。 水平投影积聚成直线,平行于 OY_H 轴

2. 投影面垂直面

垂直于一个投影面,并且同时倾斜于另外两个投影面的平面称为**投影面垂直面**。垂直于 H 面,倾斜于 V 面和 W 面的平面称为**铅垂面**;垂直于 V 面,倾斜于 H 面和 W 面的平面称为**正垂面**;垂直于 W 面,倾斜于 H 面和 V 面的平面称为**侧垂面**。它们的投影特性如表1-10所示。

表 1 - 10 投影面垂直面

	立体图	立体的投影图	直线的投影图	投影特性
正垂面				正面投影积聚成直线。水平投影和侧面投影为平面的类似形。α、γ 为实际角度，$\beta = 90°$
铅垂面				侧水平投影积聚成直线。正面投影和侧面投影为平面的类似形。β、γ 为实际角度，$\alpha = 90°$
侧垂面				侧面投影积聚成直线。正面投影和水平投影为平面的类似形。α、β 为实际角度，$\gamma = 90°$

3. 一般位置平面

对三个投影面都倾斜的平面，称为一般位置平面，如图 1 - 42 所示。

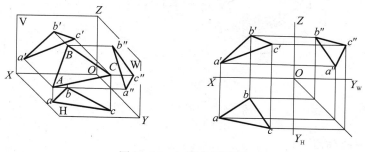

图 1 - 42 一般位置平面

第六节　基本体三视图

任何复杂的形体都可以看成是由若干个基本体组合而成。常见的基本体如图 1-43 所示。表面都是由平面围成的立体称为**平面立体**，如棱柱、棱锥等；表面都是由曲面或是由曲面与平面共同围成的立体称为**曲面立体**。其中围成立体的曲面是回转面的曲面立体，又称为**回转体**，如圆柱、圆锥、圆球等。

图 1-43　基本体

一、平面立体的视图

1. 棱柱

棱柱分直棱柱（侧棱与底面垂直）和斜棱柱（侧棱和底面倾斜）。棱柱的顶面和底面是两个形状相同且互相平行的多边形，各个侧面都是矩形或平行四边形。顶面和底面是正多边形的直棱柱，称为**正棱柱**。因为棱柱的顶面和底面确定了棱柱的形状，故被称为**特征面**。为使绘图和分析方便，一般要将棱柱的特征面平行于投影面放置。

1）棱柱的投影分析

如图 1-44 所示的正六棱柱，其顶面、底面均为水平面，它们的水平面投影反映实形，正面及侧面投影积聚为一直线。棱柱有六个侧棱面，前后棱面为正平面，它们的正面投影反映实形，水平面投影及侧面投影积聚为一直线。棱柱的其他四个侧棱面均为铅垂面，水平面投影积聚为直线，正面投影和侧面投影为类似形。

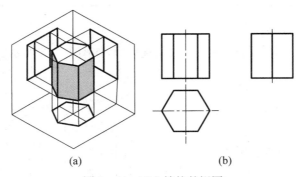

(a)　　　　　　　　　　　(b)

图 1-44　正六棱柱的视图

2）棱柱视图的作图

（1）作六棱柱的对称中心线和底面基线，确定各视图的位置，并画出具有投影特征的视

图——俯视图的正六边形;

(2)按长对正的投影关系并量取六棱柱的高度,画出主视图,再按高平齐、宽相等的投影关系画出左视图,如图1-44(b)所示。

3)棱柱的视图特点

一个视图反映特征面的实形,称为特征视图,另外两个视图均为一个或多个可见与不可见矩形的组合。

棱柱的三个视图的特点也是识读棱柱视图的依据,读图时要善于通过特征视图理解棱柱的顶面、底面的形状。

2. 棱锥

棱锥表面由底面和侧棱面构成。棱锥的棱线汇交于一点,该点称为**锥顶**。棱锥的底面为多边形,各侧面为若干具有公共顶点的三角形。当棱锥的底面是正多边形,各侧面是全等的等腰三角形时,称为**正棱锥**。为使绘图和分析方便,一般要将棱锥的底面放置成水平面。

1)棱锥的投影分析

如图1-45(a)所示正三棱锥,其底面△ABC为水平面,其水平投影△abc为等边三角形,反映实形,正面和侧面投影都积聚为一水平线段。棱面△SBC垂直W面,与H、V面倾斜,是侧垂面。所以侧面投影积聚为一直线段,水平面和正面投影都是类似形。棱面△SAC和△SAB与各投影面都倾斜,是一般位置平面,三面投影均为类似形。棱线的投影,读者可自行分析。

2)棱锥视图的作图

画棱锥三视图时,一般先画底面各投影(先画底面反映实形的视图投影,后画底面积聚性的视图投影),再画出顶点各投影,然后连接各棱线并判断可见性。如图1-45(b)所示。

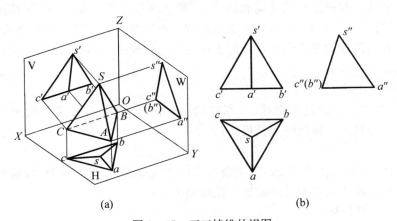

(a) (b)

图1-45 正三棱锥的视图

3)棱锥的视图特点

当棱锥的底面平行于某一个投影面时,在该投影面上的视图为多边形,反映底面的实形,它由数个具有公共交点的三角形组合而成;另两个视图为一个或多个可见与不可见的具有公共顶点的三角形的组合。

二、回转体的视图

回转体的曲面是由一母线（直线或曲线）绕定轴回转一周形成的，曲面上任意位置的母线称为**素线**。在将回转体向平行于轴线的投影面投射时，如果其上某一条或某几条素线把回转面分为可见面和不可见面，则称其为**转向轮廓线**。

1. 圆柱

圆柱体由圆柱面、顶面、底面所组成。圆柱面可看作是母线绕着与它平行的轴线旋转而成。为了便于分析和绘图，通常将圆柱的轴线放置为投影面的垂线。

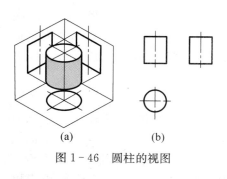

图 1-46 圆柱的视图

1）圆柱的投影分析

如图 1-46 所示，圆柱的轴线垂直于水平面。圆柱顶面和底圆为水平面，其水平投影反映实形，其正面和侧面投影积聚并重影为一直线段。由于圆柱轴线垂直于水平面，所以圆柱面的水平投影积聚为一个圆（重合在上下底面圆的实形投影上）。

在正面投影中，前、后两半圆柱面的投影重合为一矩形，矩形的两条竖线分别是圆柱面最左、最右素线的投影，也是圆柱面前、后分界的转向轮廓线。在侧面投影中，左、右两半圆柱面的投影重合为一矩形，矩形的两条竖线分别是圆柱面最前、最后素线的投影，也是圆柱面左、右分界的转向轮廓线。

2）圆柱视图的作图

在画圆柱体的三视图时，先用点画线画出圆柱体各投影的轴线、中心线，然后根据圆柱的直径画有积聚性的投影——圆，最后按投影规律画出其他两投影。

注意：回转体对某投影面的转向轮廓线，只能在该投影面上画出，而在其他投影面上则不再画出。圆柱面上的最左、最右两条素线的侧面投影与轴线的侧面投影重合，它们在侧面投影中不能画出；最前和最后两条素线的正面投影与轴线的正面投影重合，它们在正面投影中不能画出。

3）圆柱的视图特点

当圆柱的轴线为投影面垂直线时，圆柱的一个视图为圆，另外两个视图为等大的矩形（矩形中间有中心线——轴线的实长投影）。

2. 圆锥

圆锥体由圆锥面、底面所围成，圆锥面可看作直线绕着与它相交的轴线旋转而成。为便于分析和绘图，通常将圆锥的轴线放置为投影面垂直线。

1）圆锥的投影分析

如图 1-47 所示，圆锥体的轴线垂直于水平面，其底面是水平面。圆锥体的水平投影为圆，此圆是圆锥面与底面交线的投影，此圆所围成的封闭线框也是圆锥面及锥底面的投影，圆锥体的正面和侧面投影均为等腰三角形，三角形的底边为圆锥底面的积聚投影。正面投影中的两腰 $s'a'$、$s'b'$ 是圆锥面前、后分界的转向轮廓线，也是为圆锥面上最左最右素线 SA、SB 的正面投影，其侧面投影 $s''a''$ 和 $s''b''$ 与轴线的侧面投影重合。侧面投影中的两腰 $s''d''$ 和 $s''c''$ 是圆锥面左、右分界的转向轮廓线，也是圆锥面最前最后素线 SC、SD 的侧面投影，其正

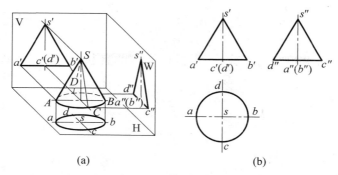

图 1-47 圆锥的视图

面投影与轴线的正面投影重合。

2）圆锥视图的作图

画圆锥体的三个视图时,首先应先画出中心线和轴线,然后画底圆平面的三面投影(先画圆的实形投影,后画圆的另两个积聚性投影),再画锥顶的三面投影,最后画各转向轮廓线的投影,完成圆锥的三视图。

3）圆锥的视图特点

当圆锥的轴线为投影面垂直线时,圆锥的一个视图为圆,另外两个视图为全等的三角形(三角形中间有对称线——轴线的实长投影)。

3. 圆球的投影

圆球体是由球面围成的,球面可看作圆以其直径为轴线旋转而成。

1）圆球的投影分析

如图 1-48(a)所示,无论如何放置,圆球体的三面投影都是大小相等的圆,是球体在三个不同方向的转向轮廓线的投影,其直径与球径相等。水平面投影的圆 a 是球体上半部分的球面与下半部分球面的重合投影,上半部分可见,下半部分不可见;圆周 a 是球面上平行于水平面的最大圆 A 的投影。正面投影的圆 b 是球体前半部分球面与后半部分球面的重合投影,前半部分可见,后半部分不可见;圆周 b 是球面上平行于正面的最大圆 B 的投影。侧面投影的圆 c 是球体左半部分球面与右半部分球面的重合投影,左半部分可见,右半部分不可见;圆周 c 是球面上平行于侧面的最大圆 C 的投影。

球面上 A、B、C 三个大圆的其他投影均与相应的中心线重合;这三个大圆分别将球面

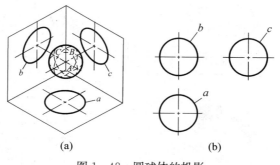

图 1-48 圆球体的投影

机械制图

分成上下、前后、左右两部分。

2）圆球视图的作图

首先绘制各视图中相交的对称线，再根据圆球的直径，以交点为圆心画出各视图中的圆。

3）圆球的视图特点

圆球的三个视图为直径相等的圆。

三、其他常见简单立体

除了上述的基本立体，如表 1-11 所示，立体也是组成复杂形体的常见立体，熟悉这些立体的视图，对识读和分析复杂立体的视图有很大帮助。另外，读者可以思考一下，当改变立体相对于投影面的位置时，视图的变化情况。

在表中所列立体中，有一些可以看作是把棱柱、圆柱等立体的单向挖切。平靠和相切所组成的等厚物体，称为柱体。柱体可以想象为一个平面形沿着与其垂直方向平行移动所形成的立体，这种平面形称为柱体的特征面。柱体的三视图特点是：一个视图反映柱体的主要特征，是**特征视图**，该视图的线框称为**特征性线框**。其他两个视图为单个或多个相邻矩形的虚、实线框，是一般视图。

表 1-11 常见简单立体的视图

立体名称	立体图	视 图
半球体		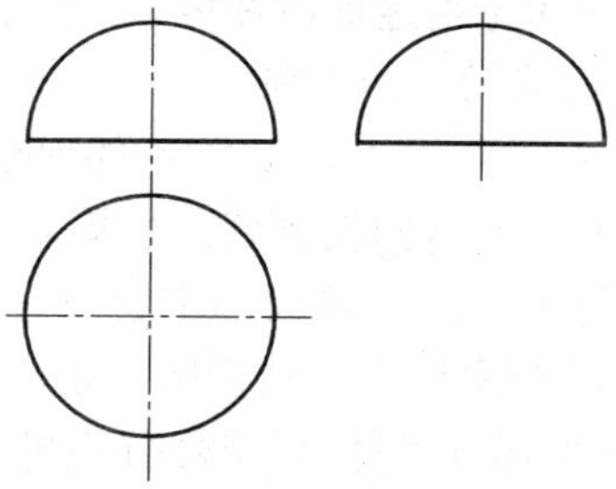
圆锥台		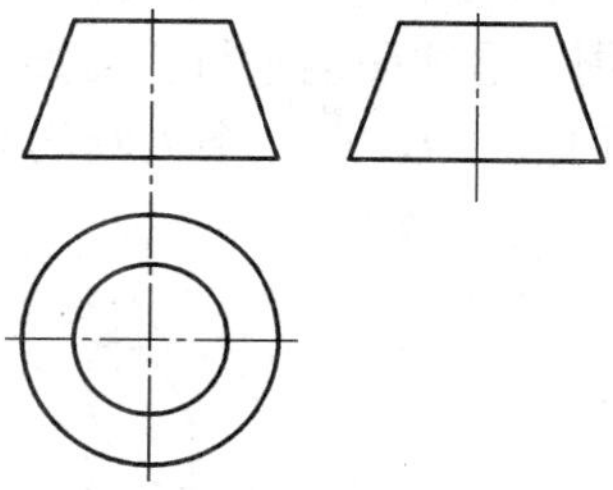
多棱柱体	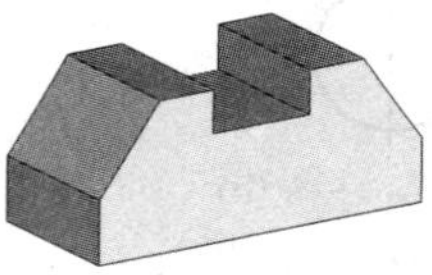	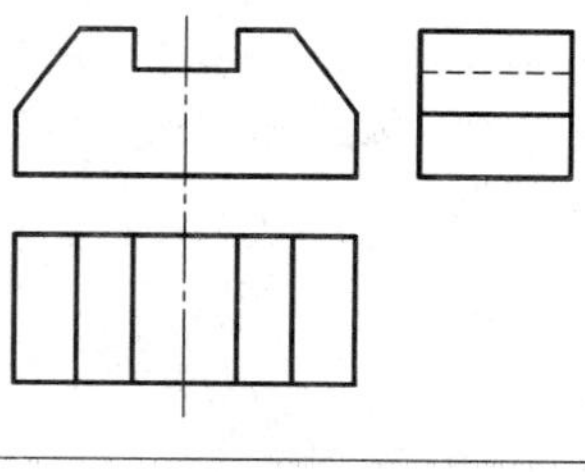

34

（续表）

立体名称	立体图	视　图
带圆角柱体		
半圆柱		
长圆柱体		
圆柱筒		
U 型柱体		

第二章　机械零件常用的表达方法

第一节　组合体三视图

一、形体分析法

任何复杂的机件,从几何角度看,都是由一些基本体按一定方式组合而成的。通常由两个或两个以上的基本体所组成的形体,称为**组合体**。为了正确而迅速地绘制和看懂组合体视图,通常在绘画、标注尺寸和看组合体三视图的过程中,假想把组合体分解成若干个基本体,分析各基本体形状、相对位置、组合形式以及表面连接方式,这种把复杂形体分解成若干个简单形体的分析方法,称为**形体分析法**。

如图 2-1(a)所示,支架由空心圆柱体、底板、肋板、耳板以及凸台五部分组成。肋板的底面与底板的顶面叠合,底板两侧面与圆柱体相切,肋板与耳板的侧面均与圆柱体相交,耳板与圆柱体上表面平齐,凸台与圆柱体垂直相交,两圆柱的通孔连通。

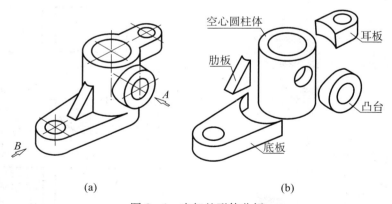

(a)　　　　　　　　　　　　(b)

图 2-1　支架的形体分析

二、组合体的组合形式

组合体的组合形式,可粗略地分为叠加型、切割型和综合型三种。讨论组合体的组合形式,关键是搞清相邻两形体间的接合形式,以利于分析接合处分界线的投影。

1. 叠加型

叠加型是两形体组合的基本形式,按照形体表面接合的方式不同,又可细分为堆积、相切和相贯等。

1) 堆积

两形体以平面相接合,称为堆积。它们的分界线为直线或平面曲线。画这种组合形式的视图,实际上是将两个基本形体的投影,按其相对位置堆积。此时,应注意区分分界处的情况:当两形体的表面不平齐时,中间应该画线,如图2-2(b)所示;当两形体的表面平齐时,中间不应该画线,如图2-3(b)所示。

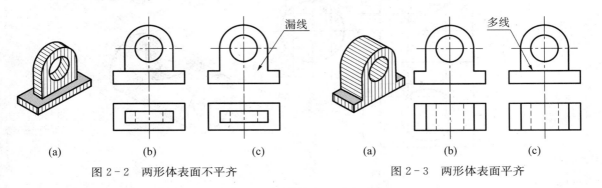

图2-2　两形体表面不平齐　　　　　　图2-3　两形体表面平齐

2) 相切

如图2-4(a)所示的物体由耳板和圆筒组成。耳板前后两平面与圆柱面光滑连接,这就是相切。

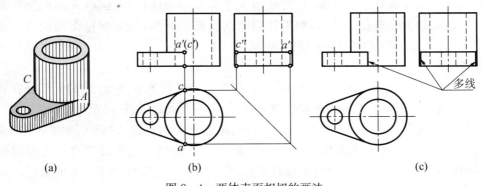

(a)　　　　　　　　　　(b)　　　　　　　　　　(c)

图2-4　两体表面相切的画法

在图示情况下,柱轴是铅垂线,柱面的水平面投影有积聚性。因此,耳板前后平面和柱面相切于一直线的情况,在水平面投影中就表现为直线和圆弧的相切;在正面和侧面投影中,该直线的投影不应画出。即二者相切处不画线,耳板上表面的投影只画至切点处,如图2-4(b)所示的 $a'(c')$、a'' 和 c''。如图2-4(c)所示是错误的画法。

3) 相贯

两形体表面相交称为相贯,相交处的交线称为**相贯线**。可见的相贯线用粗实线绘制,不可见的相贯线用细虚线绘制。相贯线具有以下性质:

共有性 相贯线是两回转体表面上的共有线,也是两回转体表面的分界线,所以相贯线上所有的点,都是两回转体表面上的共有点。

封闭性 一般情况下,相贯线是封闭的空间曲线,在特殊情况下是平面曲线或直线。

根据相贯线的性质,相贯线的画法可归结为求两回转体表面共有点的问题。只要作出两回转体表面上一系列共有点的投影,再依次将各点的同面投影连成光滑曲线即可。

下面如图2-5所示为例,介绍两圆柱正交时,求作相贯线的一般方法。

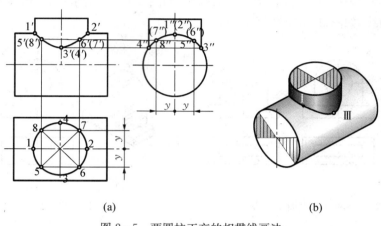

(a)   (b)

图2-5 两圆柱正交的相贯线画法

例1 圆柱与圆柱正交,求作相贯线的投影。

分析

小圆柱的轴线垂直于水平面,相贯线的水平面投影为圆(与小圆柱面的积聚性投影重合),大圆柱面的轴线垂直于侧面,相贯线的侧面投影为圆弧(与大圆柱面的积聚性投影重合),因此,只需作出相贯线的正面投影,如图2-5(a)所示。

作图

① 作特殊点。特殊点是决定相贯线的投影范围及其可见性的点,它们大部分在外形轮廓线上。显然,本例相贯线的正面投影应由最左、最右及最高、最低决定其范围。

由水平面投影看出,1、2两点是最左点Ⅰ、最右点Ⅱ的投影,它们也是圆柱正面投影外形轮廓线的交点,可由1、2对应求出1″(2″)及1′、2′(此两点也是最高点);由侧面投影看出,小圆柱侧面投影外形轮廓线与大圆柱交点3″、4″是相贯线最低点Ⅲ、Ⅳ的投影,由3″、4″直接对应求出3、4及3′(4′)。

② 求一般点。一般点决定曲线的趋势。任取对称点Ⅴ、Ⅵ、Ⅶ、Ⅷ的水平面投影5、6、7、8,然后求出其侧面投影5″(6″)及8″(7″),最后求出正面投影5′(8′)及6′(7′)。

③ 顺序光滑连接1′、5′、3′、6′、2′,即得相贯线的正面投影。

当不需要准确求作两圆柱正交相贯线的投影时,可采用简化画法,即用圆弧代替其相贯线。具体画法是,以大圆柱的半径为半径画弧,如图2-6所示。

两圆柱外表面相交,称为**外相贯线**。当圆筒上钻有圆孔时(见图2-7),则孔与圆筒外表面及内表面均有相贯线。在内表面产生的交线,称为**内相贯线**。内相贯线和外相贯线的画法相同。

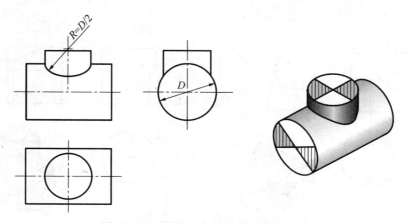

图 2-6　两圆柱正交相贯线的简化画法

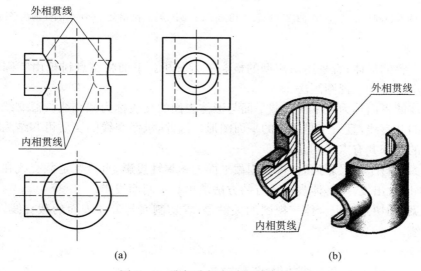

(a)　　　　　　　　　　　　　　(b)

图 2-7　孔与孔相交时相贯线的画法

　　在图示情况下,采用简化画法时,内相贯线的投影应以大圆柱内孔的半径为半径画弧,因为该相贯线的投影不可见,所以画成细虚线。

　　两回转体相交,在一般情况下表面交线为空间曲线。但在特殊情况下,其交线则为平面曲线或直线,如图 2-8 所示。

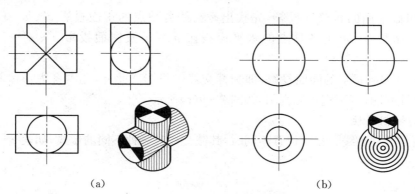

(a)　　　　　　　　　　　　　　(b)

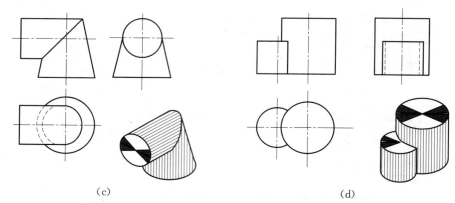

(c)   (d)

图 2-8   相贯线为非空间曲线的示例

(a) 两等径圆柱正交   (b) 两同轴回转体相交   (c) 圆柱与圆锥相交   (d) 两圆柱轴线平行

2. 切割型

对于不完整的形体,宜采用切割型的概念进行分析。下面将重点讨论由特殊位置平面切割而成的组合体的三视图画法。

切割形体的平面称为截平面。截平面与形体表面的交线称为截交线。截交线是截平面与形体表面的共有线,且一定是闭合的平面图形。因此,求截交线的实质可归结为求截平面与形体表面的全部共有点的问题。

当截平面垂直于某投影面时,可利用截平面的积聚性投影,直接判定截交线在该投影的投影范围;再以此出发,按形体表面求点的方法求出其余两面投影。

由此可见,画切割型组合体三视图的关键是:求切割面与形体表面的截交线,以及切割面之间的交线。

1) 平面切割棱锥

例 2   求作正六棱锥截交线的投影。

分析

如图 2-9(a)所示,正六棱锥被正垂面所切,截交线是六边形,其六个顶点是截平面与六条侧棱的六个交点。可见,画此类形体的三视图,实质上就是求截平面与各被截棱线交点的投影。

作图

① 利用截平面的积聚性投影,先找出截交线各顶点的正面投影 a'、b'…;再依据直线上点的投影特性,求出各顶点的水平面投影 a、b…及侧面投影 a''、b''…,如图 2-9(b)所示。

② 依次连接各顶点的同面投影,即为截交线的投影。此外,还需考虑形体其他轮廓线投影的可见性问题,直至完成三视图,如图 2-9(c)所示。

2) 平面切割圆柱

截平面与圆柱轴线的相对位置不同时,其截交线有三种不同的形式,如表 2-1 所示。

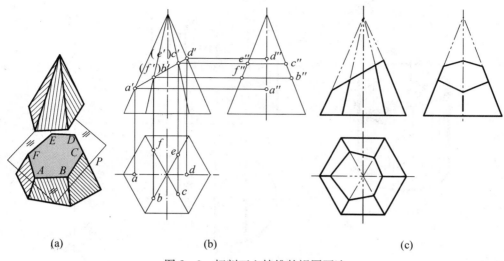

(a)   (b)   (c)

图 2-9　切割正六棱锥的视图画法

表 2-1　平面与圆柱的截交线

立体图			
投影图			
说明	截平面平行于轴线，截交线为矩形。	截平面垂直于轴线，截交线为圆。	截平面倾斜于轴线，截交线为椭圆。

例3　画出圆柱开槽的三视图。

分析

如图 2-10(a)所示，圆柱开槽部分是由两个侧平面和一个水平面截切而成的，圆柱面上的截交线(AB、CD、BF、DE…)都分别位于被切出的各个平面上。由于这些面均为投影面平行面，其投影具有积聚性或真实性，因此，截交线的投影应依附于这些面的投影，不需另行求出。

作图

先画出完整圆柱的三视图；按槽宽、槽深依次画出正面和水平面投影；再依据点、直线、平面的投影规律求出侧面投影，作图步骤如图 2-10(b)所示。

作图时，应注意以下两点。

① 因圆柱的最前、最后轮廓素线均在开槽部位被切去，故左视图中的外形轮廓线，在开

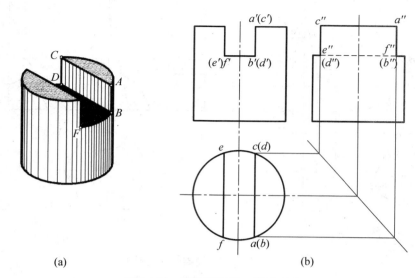

(a)　　　　　　　　　　　　　(b)

图 2 - 10　圆柱开槽的三视图画法

槽部位向内"收缩",其收缩程度与槽宽有关。槽越宽,收缩越大。

② 注意区分槽底侧面投影的可见性,即槽底是由两段直线、两段圆弧构成的平面图形,其侧面投影积聚成直线,中间部分(b''—d'')是不可见的,用细虚线表示。

3）平面切割圆锥

截平面与圆锥的相对位置不同时,其截交线有五种不同的形状,如表 2 - 2 所示。

截交线为直线和圆时,画法比较简单。而截交线为椭圆、抛物线和双曲线时,则需先求出若干个共有点的投影,然后用曲线板依次光滑地连接各点,获得截交线的投影。

由于圆锥面的三个投影都没有积聚性,求共有点的投影一般可采用辅助素线法或辅助平面法。

表 2 - 2　平面与圆锥的截交线

立体图				
投影图				

（续表）

说明	截平面垂直于轴线，截交线为圆。	截平面倾斜于轴线，截交线为椭圆。	截平面平行于一条素线，截交线为抛物线。	截平面平行于轴线，截交线为双曲线。	截平面过锥顶，截交线为三角形。

例4　用辅助平面法求圆锥的截交线。

如图 2-11(a)所示为圆锥被平行于轴线的平面截切，截交线为双曲线。

分析

作垂直于圆锥轴线的辅助平面 Q 与圆锥面相交，其交线为圆。此圆与截平面 P 相交得 Ⅱ、Ⅳ 两点，Ⅱ、Ⅳ 两点是圆锥面、截平面 P 和辅助平面 Q 三个面的共有点，当然也是截交线上的点，如图 2-11(a)所示。由于截平面为正平面，截交线的水平面投影和侧面投影分别积聚为一直线，故只需作出正面投影。

作图

① 求特殊点。Ⅲ 为最高点，根据侧面投影 3″，可作出其余两面投影 3 及 3′；Ⅰ、Ⅴ 为最低点，根据水平面投影 1 及 5，可作出其余两面投影 1′、5′，及 1″、5″，如图 2-11(b)所示。

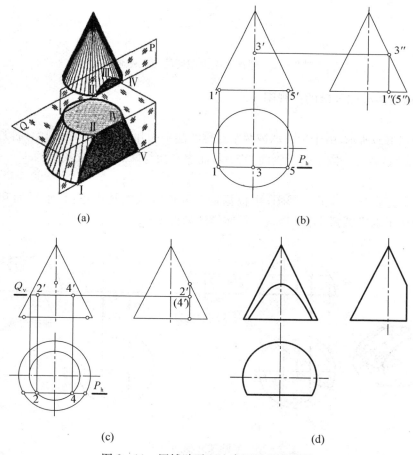

(a)　　　　　　　　　　(b)

(c)　　　　　　　　　　(d)

图 2-11　用辅助平面法求圆锥的截交线

② 利用辅助平面法求一般点。作辅助平面 Q 与圆锥相交,交线是圆(称为辅助圆);辅助圆的水平面投影与截平面的水平面投影相交于 2 和 4,即为所求共有点的水平面投影;根据水平面投影再求出其余两面投影 2′、4′,及 2″、(4″),如图 2-11(c)所示。

③ 将投影 1′、2′、3′、4′、5′依次连成光滑的曲线,即为截交线的正面投影,如图 2-11(d)所示。

4) 平面切割圆球

圆球被任意方向的平面截切,其截交线都是圆。当截平面为投影面平行面时,截交线在所平行的投影面上的投影为圆,其余两面投影积聚成直线,如图 2-12 所示。该直线的长度等于圆的直径,其直径的大小与截平面至球心的距离 B 有关。

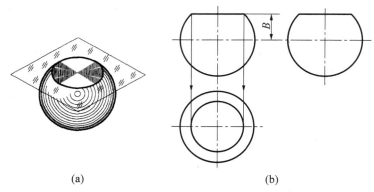

图 2-12 球被水平面截切的三视图画法

例 5 画出半圆球开槽的三视图。

分析

如图 2-13(a)所示,由于半圆球被两个对称的侧平面和一个水平面截切,所以两个侧平面与球面的截交线,各为一段平行于侧面的圆弧,而水平面与球面的截交线为两段水平的圆弧。

作图

首先画出完整半圆球的三视图;再根据槽宽和槽深依次画出正面、水平面和侧面投影。作图的关键在于确定圆弧半径和圆心,具体作法如图 2-13(b)、(c)所示。

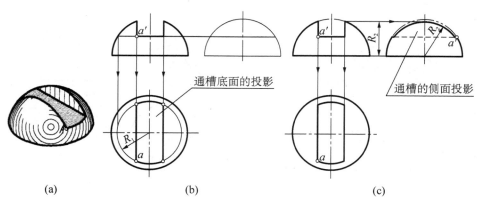

图 2-13 半圆球开槽的三视图画法

3. 综合型

如图 2-14(a)所示的组合体,既有叠加又有切割,属于综合型组合体。画图时,一般可先画叠加各形体的投影,再画被切各形体的投影。如图 2-14(b)所示的三视图,就是按底板、四棱柱叠加后,再切半圆柱、两个 U 形柱和一个小圆柱的顺序画出的。

综上所述,熟练地运用形体分析法,对画图、读图和标注尺寸都非常有益。在实际应用中,对于那些简单清楚或实在难以分辨的形体,没必要硬性分解,只要正确地作出其投影就可以了。

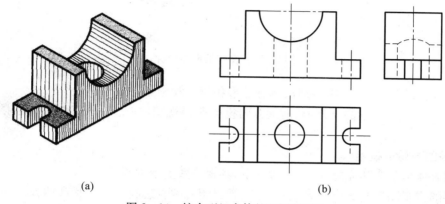

(a)   (b)

图 2-14 综合型组合体的三视图画法

第二节 组合体三视图的画法

形体分析法是使复杂形体简单化的一种思维方法。因此画组合体视图,一般采用形体分析法。下面结合图例,说明利用形体分析法绘制组合体视图的方法和步骤。

一、形体分析

拿到组合体实物(或轴测图)后,首先应对它进行形体分析,要搞清楚它的前后、左右和上下六个面的形状,并根据其结构特点,想一想大致可以分成几个组成部分,它们之间的相对位置关系如何,是什么样的组合形式等等,为后面的工作作准备。

如图 2-15(a)所示的支架,按它的结构特点可分为底板、圆筒、肋板和支承板四个部分,如图 2-15(b)所示。底板、肋板和支承板之间的组合形式为叠加;支承板的左右两侧面和圆筒外表面相切;肋板和圆筒属于相交,其交线为圆弧和直线。

二、视图选择

视图选择的内容包含主视图的选择和视图数量的确定。

1. 主视图的选择

主视图是表达组合体的一组视图中最主要的视图。通常要求主视图能较多地反映物体

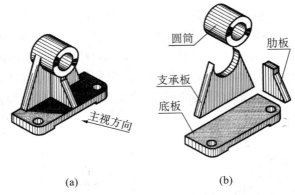

(a)   (b)

图 2-15   支架的形体分析

的形体特征。就是说,要反映各组成部分的形状特点和相互关系。

如图 2-15(a)所示的支架,从箭头方向投射所得视图,满足了上述的基本要求,可作为主视图。

2. 视图数量的确定

在组合体形状表达完整、清晰的前提下,其视图数量越少越好。

支架的主视图按箭头方向确定后,还要画出俯视图表达底板的形状和两孔的中心位置,画出左视图表达肋板的形状。因此,要完整表达出该支架的形状,必须要画出主、俯、左三个视图。

三、画图的方法与步骤

1. 选比例,定图幅

视图确定以后,要根据组合体的大小和复杂程度,选定作图比例和图幅。作图比例尽量选用 1:1,所选的图纸幅面要比绘制视图所需的面积大一些,以便标注尺寸和画标题栏。

2. 布置视图

布图时,应将视图匀称地布置在幅面上,复杂形体的视图应放在幅面中略偏左的位置。视图间的空档应保证能标注下所需的尺寸。

3. 绘制底稿

支架的画图步骤如图 2-16 所示。

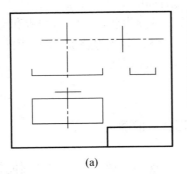 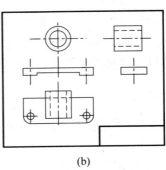

(a)   (b)

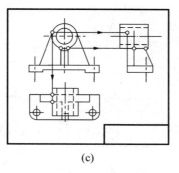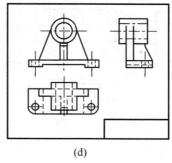

(c)   (d)

图 2-16 支架的画图步骤

(a) 布置视图并画出画图基准线 (b) 画空心圆柱和底板
(c) 画支承板和助板 (d) 画细部,补虚线,描深,完成全图

为了迅速而正确地画出组合体的三视图,画底稿时,应注意以下两点。

(1) 画图的先后顺序,一般应从形状特征明显的视图入手。先画主要部分,后画次要部分;先画可见部分,后画不可见部分;先画圆或圆弧,后画直线。

(2) 画图时,物体的每一组成部分,最好是三个视图配合着画。就是说,不要先把一个视图画完再画另一个视图。这样,不但可以提高绘图速度,还能避免多线、漏线。

4. 检查描深

底稿完成后,应认真进行检查:在三视图中依次核对各组成部分的投影对应关系正确与否;分析清楚相邻两形体衔接处的画法有无错误,是否多线、漏线;再以实物或轴测图与三视图对照,确认无误后,描深图线,完成全图,如图 2-16(d)所示。

第三节 组合体的尺寸标注

视图只能表达组合体的结构和形状,而要表示它的大小,则不但需要注出尺寸,而且必须注得完整、清晰,并符合国家标准关于尺寸标注的规定。

一、基本形体的尺寸标注

为了掌握组合体的尺寸标注,必须先熟悉基本体的尺寸标注方法。标注基本体的尺寸时,一般要注出长、宽、高三个方向的尺寸。几种常见基本体的尺寸注法如图 2-17 所示。

对于回转体的直径尺寸,尽量注在不反映圆的视图上,既便于读图,又可省略视图。如图 2-17(e)、(f)、(g)所示,圆柱、圆台、圆球均用一个视图即可。

二、组合体的尺寸标注

1. 尺寸种类

为了将尺寸标注得完整,在组合体视图上,一般需标注下列几类尺寸。

定形尺寸——确定组合体各组成部分的长、宽、高三个方向的尺寸。

定位尺寸——确定组合体各组成部分相对位置的尺寸。

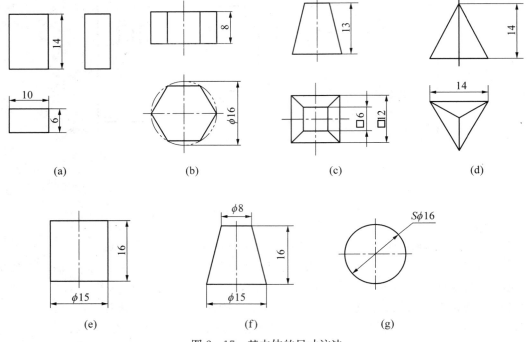

图 2-17　基本体的尺寸注法

总体尺寸——确定组合体外形的总长、总宽、总高的尺寸。

2. 标注组合体尺寸的方法和步骤

　　组合体是由一些基本体按一定的连接关系组合而成的。因此,在标注组合体的尺寸时,仍然运用形体分析法。

　　下面以支架(见图 2-18)为例,说明标注组合体尺寸的方法和步骤。

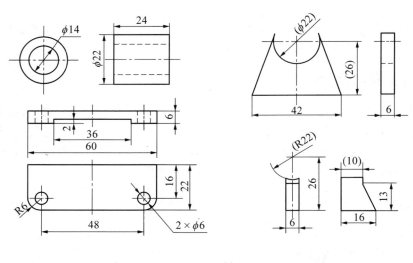

(a)

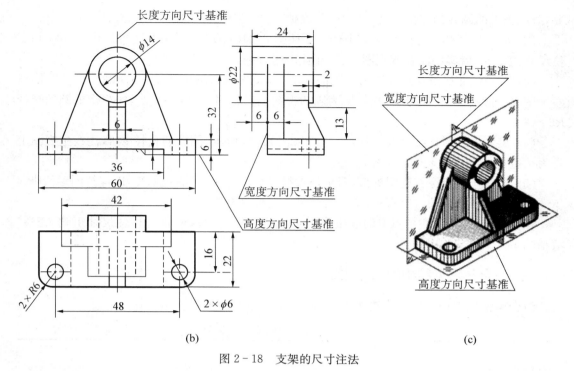

图 2-18　支架的尺寸注法

首先,按形体分析法,将组合体分解为若干个组成部分,然后逐个注出各组成部分的定形尺寸。如图 2-18(a)所示,确定空心圆柱的大小,应标注外径 $\phi22$、孔径 $\phi14$ 和长度 24 这三个尺寸。底板的大小,应标注长 60、宽 22、高 6 这三个尺寸。其他尺寸的标注如图 2-18(a)所示。

其次,标注确定各组成部分相对位置的定位尺寸。

标注定位尺寸时,必须选择好尺寸基准。标注尺寸时用以确定尺寸位置所依据的一些面、线或点称为**尺寸基准**。组合体有长、宽、高三个方向的尺寸,每个方向至少有一个尺寸基准,以它来确定基本体在该方向的相对位置。标注尺寸时,通常以组合体的底面、端面、对称面、回转体轴线等作为尺寸基准。

如图 2-18(c)所示,支架的尺寸基准是:以左右对称面为长度方向的基准;以底板和支承板的后面作为宽度方向的基准;以底板的底面作为高度方向的基准。最后,标注总体尺寸。

如图 2-18(b)所示,底板的长度 60 即为支架的总长;总宽由底板宽 22 和空心圆柱向后伸出的长 6 决定;总高由空心圆柱轴线高 32 加上空心圆柱直径的一半决定,三个总体尺寸已注全。

此时应注意:当组合体的一端或两端为回转体时,总体尺寸一般标注至轴线,该支架总高是不能直接注出的,否则会出现重复尺寸。

3. 标注尺寸的注意事项

为了将尺寸注得清晰,应注意以下几点。

(1) 尺寸尽可能标注在表达形体特征最明显的视图上。如图 2-18(b)所示,底板的高度 6,注在主视图上比注在左视图上要好;圆筒的定位尺寸 6,注在左视图上比注在俯视图上

要好;底板上两圆孔的定位尺寸 48、16,注在俯视图上则比较明显。

(2) 同一形体的尺寸应尽量集中标注。如图 2-18(b)所示,底板上两圆孔 2×φ6 和定位尺寸 48、16,就集中注在俯视图上,便于读图时查找。

(3) 直径尺寸尽量注在投影为非圆的视图上,如图 2-18(b)所示,圆筒的外径 φ22 注在左视图上。圆弧的半径必须注在投影为圆的视图上,如图 2-18(b)所示,底板上的圆角半径 R6。

(4) 尺寸尽量不在细虚线上标注。如图 2-18(b)所示,圆筒的孔径 φ14,注在主视图上是为了避免在细虚线上标注尺寸。

(5) 尺寸应尽量注在视图外部,避免尺寸线、尺寸界线与轮廓线相交,以保持图形清晰。

(6) 同轴回转体的每个直径,最好与长度一起标注在同一个视图上。

在标注尺寸时,上述各点有时会出现不能兼顾的情况,必须在保证标注尺寸正确、完整、清晰的条件下,合理布置。

三、组合体常见结构的尺寸注法

组合体常见结构的尺寸注法如表 2-3 所示,标注尺寸时可参考。

表 2-3　组合体常见结构的尺寸注法

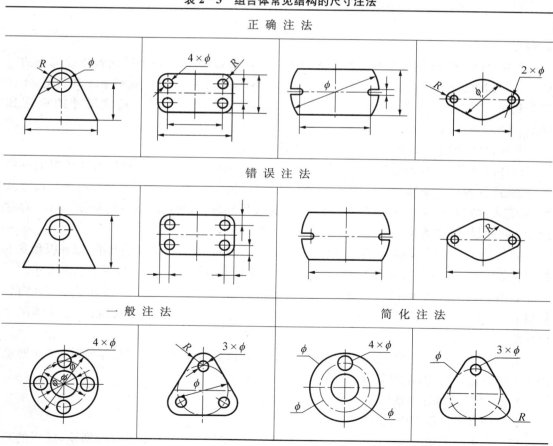

第四节　读组合体三视图

　　画图,是将物体画成视图来表达其形状;读图,是依据视图想象出物体的形状。显然,照物画图与依图想物相比,后者的难度要大一些。为了能够正确而迅速地读懂视图,必须掌握读图的基本要领和方法,并通过反复实践,培养空间想象能力,不断提高自己的读图能力。

一、读图的基本要领

1. 将几个视图联系起来看

　　一个视图不能确定物体的形状。有时只看两个视图,也无法确定物体的形状。若只看如图 2-19(a)所示的主、俯两视图,可以表示出多种不同形状的物体,这里只列出四种,如图 2-19(b)、(c)、(d)、(e)所示。

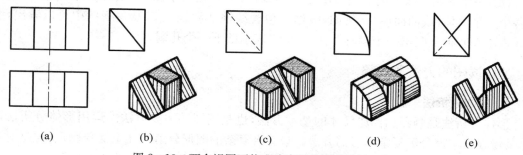

(a)　　　　(b)　　　　(c)　　　　(d)　　　　(e)

图 2-19　两个视图不能准确表示物体形状的示例

　　由此可见,读图时,必须把所有的视图联系起来看,才能想象出物体的准确形状。

2. 搞清视图中图线和线框的含义

　　视图是由一个个封闭线框组成的,而线框又是由图线构成的。因此,弄清图线及线框的含义,是十分必要的。下面以图 2-20 为例,说明图线和线框的含义。

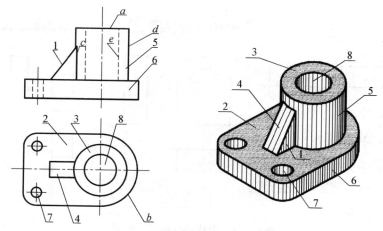

图 2-20　视图中图线与线框的分析

1）视图中图线的含义

视图中的图线有以下三种含义：

——有积聚性的面的投影，如 a、b 等线；

——面与面的交线（棱边线），如 c 为圆柱与三角肋板的交线；

——曲面的转向轮廓线，如 d、e 为圆柱及其中间孔的轮廓线。

2）视图中线框的含义

（1）一个封闭的线框，表示物体的一个面，可能是平面、曲面、组合面或孔洞。如视图中的线框1、2、3、4表示平面；线框5表示曲面；线框6表示平面与曲面相切的组合面；线框7、8表示孔洞。

（2）相邻的两个封闭线框，表示物体上位置不同的两个面。由于不同线框代表不同的面，它们表示的面有前、后、左、右、上、下的相对位置关系，可以通过这些线框在其他视图中的对应投影来加以判断。例如，从主视图中可以看出，平面3比平面2高；从俯视图中可以看出，组合面6在前，平面1在后。

（3）一个大封闭线框内所包含的各个小线框，表示在大平面体（或曲面体）上凸出或凹下各个小平面体（或曲面体）。例如，线框2包含线框3和线框8，从主视图中可以看出，线框3表示在底板上凸出一个空心圆柱，线框8表示凹下一个孔洞。

二、读图的方法和步骤

1. 形体分析法

形体分析法是画图和标注尺寸的基本方法，也是读图的主要方法。运用形体分析法读图，关键在于掌握分解复杂图形的方法。只有将复杂的图形分解成几个简单图形，通过对简单图形的读图并加以综合，才能达到较快读懂复杂图形的目的。读图的步骤如下：

1）抓住特征部分

所谓特征，是指物体的形状特征和位置特征。

什么是形状特征呢？如图 2-21(a)所示，底板的三视图，假如只看主、左两视图，那么除了板厚以外，其他形状就很难分析了；如果将主、俯视图配合起来看，即使不要左视图，也能想象出它的全貌。显然，俯视图是反映该物体形状特征最明显的视图。用同样的分析方法

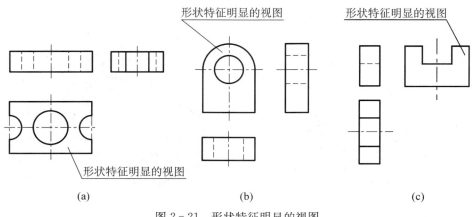

(a)　　　　　　　　(b)　　　　　　　　(c)

图 2-21　形状特征明显的视图

可知,图(b)中的主视图、图(c)中的左视图是形状特征最明显的视图。

　　什么是位置特征呢? 如图 2 - 22(a)所示,如果只看主、俯视图,Ⅰ、Ⅱ两个形体哪个凸出? 哪个凹进? 无法确定。因为这两个线框可以表示图(b)的情况,也可以表示图(c)的情况。如果将主、左视图配合起来看,则不仅形状容易想清楚,而且Ⅰ、Ⅱ两形体前者凸出,后者凹进也确定了,即是图(c)所示的一种情况。显然,左视图是反映该物体各组成部分之间、位置特征最明显的视图。

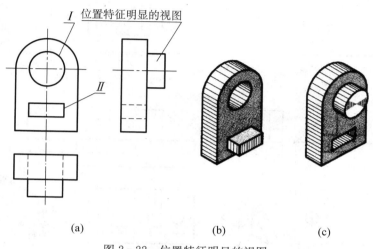

图 2 - 22　位置特征明显的视图

　　这里应注意一点,物体上每一组成部分的特征,并非总是全部集中在一个视图上。因此,在分部分时,无论哪个视图(一般以主视图为主),只要其形状、位置特征有明显之处,就应从该视图入手,这样就能较快地将其分解成若干个组成部分。

　　2) 对准投影想形状

　　依据"三等"规律,从反映特征部分的线框(一般表示该部分形体)出发,分别在其他两视图上对准投影,并想象出它们的形状。

　　3) 综合起来想整体

　　想出各组成部分形状之后,再根据三视图,分析它们之间的相对位置和组合形式,进而综合想象出该物体的整体形状。

　　例 6　看轴承座的三视图(见图 2 - 23)。

　　第一步:抓住特征部分　通过形体分析可知,主视图较明显地反映出Ⅰ、Ⅱ形体的特征,而左视图则较明显地反映出形体Ⅲ的特征。据此。该轴承座可大体分为三部分,如图 2 - 23(a)所示。

　　第二步:对准投影想形状　形体Ⅰ、Ⅱ从主视图、形体Ⅲ从左视图出发,依据"三等"规律,分别在其他两视图上找出对应投影(如图中的粗实线所示),并想出它们的形状,如图 2 - 23(b)、(c)、(d)所示的轴测图。

　　第三步:综合起来想整体　长方体Ⅰ在底板Ⅲ的上面,两形体的对称面重合且后面靠齐;肋板Ⅱ在长方体Ⅰ的左、右两侧,且与其相接,后面靠齐。综合想象出物体的整体形状,如图 2 - 24 所示。

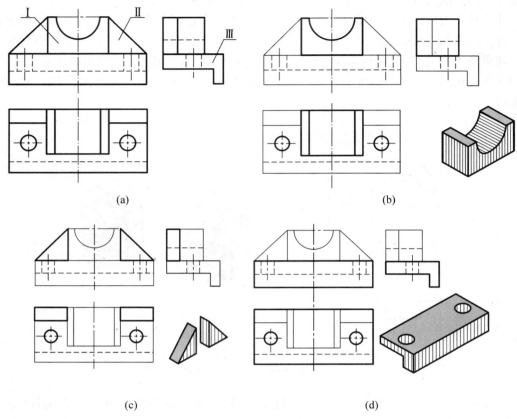

(a)   (b)

(c)   (d)

图 2-23　轴承座的读图步骤

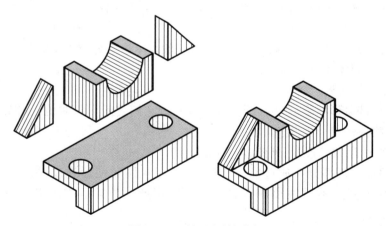

图 2-24　轴承座轴测图

2. 线面分析法

用线面分析法读图,就是运用投影规律,通过识别线、面等几何要素的空间位置、形状,进而想象出物体的形状。在看切割型组合体的三视图时,主要靠线面分析法。

例 7　看压块的三视图。

（1）初步确定立体的主体形状：根据各视图的投影特征，初步确定立体被切割前的主体形状。

如图2-25(a)所示，由于压块的三视图轮廓基本上都是矩形，这样可以判断出压块形成前的基本形体是四棱柱（长方体）。

（2）逐个分析线框的投影：利用投影关系，找出视图中的线框及其各个对应投影，逐个分析，想象它们的空间形状和位置，并弄清切割部位的结构。分析如下：

① 如图2-25(b)所示，可以看出，俯视图中左端的梯形线框 m（或左视图中的梯形线框 m''）只能与主视图中的斜线 m' 有投影关系，根据"若线框与另一视图中的斜线段符合投影关系，则其表示投影面垂直面"，可断定 M 面是垂直于正面的梯形平面，即长方体的左上角被正垂面 M 切割。

② 如图2-25(c)所示，可以看出，主视图中的七边形线框 n'（或左视图中的线框 n''），只能与俯视图中的斜线 n 有投影关系，同样根据"若线框与另一视图中的斜线段符合投影关系，则其表示投影面垂直面"，可知 N 面为七边形铅垂面，即长方体的左端前面由铅垂面 N 切割形成七边形。根据俯、左视图前后对称，长方体的左端后面由与 N 对称的铅垂面切割。

③ 如图2-25(d)所示，可以看出，主视图的线框 q'，只能与俯视图的水平虚线 q（或左视图中的垂直线段 q''）有投影关系，根据"若线框与另一视图中的水平或垂直线段符合投影关系，则其表示投影面平行面"，可判定 Q 是正平面。同理，俯视图的四边形线框 p，只能与主

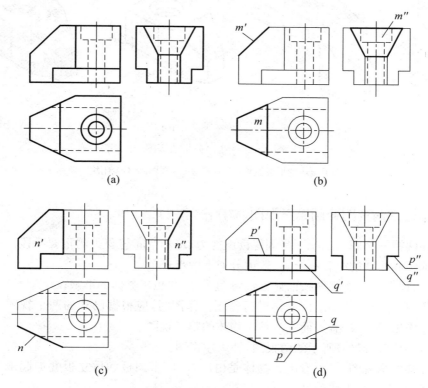

图2-25　线面分析法读图

(a) 原视图　(b) 有投影关系的 m'、m、m'' 线框　(c) 有投影关系的 n'、n、n'' 线框
(d) 有投影关系的 p'、p、p''(q'、q、q''）线框

视图的水平线 p'（或左视图中的水平线段 p''）有投影关系,可断定 P 面为水平面。结合三个视图,可看出长方体的前面下方被平面 P 和 Q 切割。根据俯、左视图前后对称,长方体的后面被与 P 和 Q 对称的平面切割。

④ 从俯视图中的两同心圆,结合另外视图上的有投影关系的虚线,容易看出压块的上方开了阶梯孔。

（3）综合想象其整体形状:通过如上对各个线框的分析,弄清了各表面的空间形状、位置,以及对立体切割后面与面之间的相对位置等,综合起来,即可想象出立体的整体形状。压块的形成过程是:

如图 2-26(a)所示,在长方体左上方用正垂面切去一角,在长方体左端前后分别用铅垂面对称切去两个角,在长方体下方前后分别用水平和正平面对称切去两小块,最后在长方体从上到下开了阶梯孔。立体的整体形状,如图 2-26(b)、(c)所示。

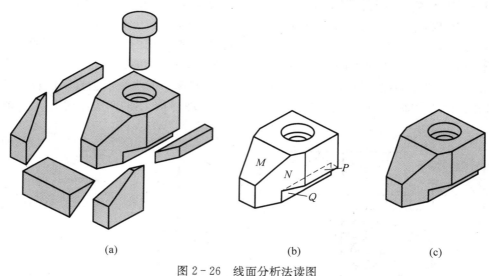

(a)   (b)   (c)

图 2-26 线面分析法读图

（a）压块的形成过程　（b）压块(线框图)　（c）压块

三、由已知两视图补画第三视图(简称:二求三)

由已知两视图补画第三视图是训练读图能力,培养空间想象力的重要手段。补画视图,实际上是读图和画图的综合练习,一般可分如下两步进行:

第一步,根据已给的视图按前述方法将图看懂,并想出物体的形状;

第二步,在想出形状的基础上再进行作图。作图时,应根据已知的两个视图,按各组成部分逐个地作出第三视图,进而完成整个物体的第三视图。

例8 如图 2-27(a)所示的两视图,补画左视图。

根据已知的两视图,可以看出该物体是由底板、前半圆板和后立板叠加起来后,又切去一个通槽、钻一个通孔而成的。

具体作图步骤,如图 2-27(b)、(c)、(d)、(e)、(f)所示。

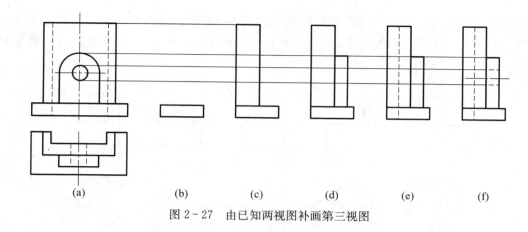

图 2-27　由已知两视图补画第三视图

四、补画视图中的漏线（简称补缺漏线）

补漏线就是在给出的三视图中，补画缺漏的线条。首先，运用形体分析法，看懂三视图表达的组合体形状，然后细心检查组合体中各组成部分的投影是否有漏线，最后将缺漏的线补出。

例 9　补画如图 2-28(a)所示组合体中缺漏的图线。

通过投影分析可知，三视图所表达的组合体由柱体和座板叠加而成，两组成部分分界处的表面是相切的，如图 2-28(b)所示。

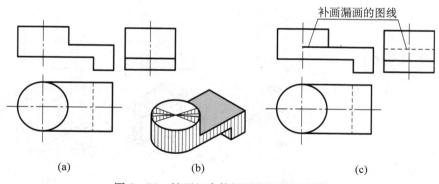

图 2-28　补画组合体视图中缺漏的图线

对照各组成部分在三视图中的投影，发现在主视图中相切处（座板最前面）缺少一条粗实线；在左视图缺少座板顶面的投影（一条细虚线）。将它们逐一补上，如图 2-28(c)所示。

五、组合体的构形训练

根据已给视图，构思组合体的空间形状，将其补画为能表达形体确定形状的三视图，这种自主想象、构造组合体形状的方法，也是一种训练读图和空间想象能力的有效方式。

1）根据已给两视图，构思组合体的空间形状，补画第三视图

如图 2-29(a)所示，给出主、俯两个视图，不能唯一地确定组合体形状，所以在补画第

三视图时,有更广阔的想象空间,即可以构思出两种以上的形状,补画出两种以上的第三视图。如图 2-29(b)、(c)、(d)、(e)所示,为其中四种不同的左视图及其表达的物体形状。

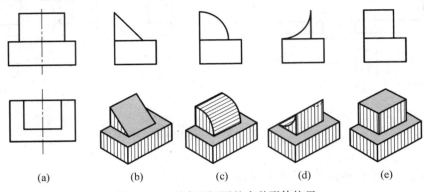

图 2-29　对应两视图的多种形体构思

2) 根据物体的一个视图,补画其他视图以确定物体的空间形状

根据已给定的一个视图,补画出能确定物体空间形状的其他一个或两个视图,也是训练空间想象能力和培养读图能力的一种方式。

例 10　根据如图 2-30(a)所示的主视图,构思出三个不同物体的形状并分别画出它们的左视图。

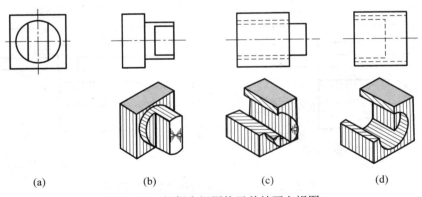

图 2-30　根据主视图构思并补画左视图

第五节　轴　测　图

用正投影法绘制的视图,能够完整而准确地表达出形体各个方向的形状和大小,而且作图方便,在工程领域应用广泛。但是由于其立体感不强,故缺乏投影知识的人或者初学者不易看懂,尤其是当形体比较复杂时,视图就更难看懂了。为了帮助看图或者对图样进行辅助说明,要学习和了解轴测投影图(简称轴测图)的画法。

一、轴测图的基本知识

1. 基本概念

1）轴测图

将物体和确定其空间位置的直角坐标系,沿不平行于任一坐标面(或坐标轴)的方向,用平行投影法将其投射在单一投影面上所得的具有立体感的图形叫做**轴测图**。

2）轴测轴

直角坐标系中的坐标轴 OX、OY、OZ 在轴测投影面上的投影 O_1X_1、O_1Y_1、O_1Z_1 称为**轴测轴**。

3）轴间角

轴测投影图中,两根轴测轴之间的夹角,称为**轴间角**。

4）轴向伸缩系数

轴测轴上单位长度和相应投影轴或坐标轴上的单

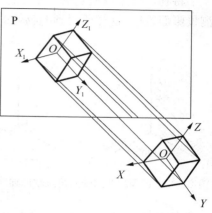

图 2-31　轴测图的形成

位长度的比值,称为**轴向伸缩系数**。OX、OY、OZ 轴上的伸缩系数分别用 p_1、q_1 和 r_1 表示。为了便于绘图,常把伸缩系数简化,简化的伸缩系数分别用 p、q、r 表示。

2. 轴测投影的特性

1）平行性

物体上相互平行的线段,其轴测投影也相互平行;与参考的坐标轴平行的线段,其轴测投影也必平行于轴测轴。这种平行于轴测轴的线段,称为**轴向线段**。

2）定比性

轴测轴及其相对应的轴向线段有着相同的轴向伸缩系数。

3）沿轴测量性

轴测投影的最大特点就是:必须沿着轴测轴的方向进行长度的度量,这也是轴测图中的"轴测"两个字的含义。

3. 轴测图的分类

根据国家标准《技术制图—投影法》中的介绍,轴测图分为两大类,即:

使用正投影法所得到的轴测图叫做正轴测投影图,简称**正轴测图**。

使用斜投影法所得到的轴测图叫做斜轴测投影图,简称**斜轴测图**。

每大类再根据轴向伸缩系数是否相同,又分为三种:

(1) 若 $p_1 = q_1 = r_1$,即三个轴向伸缩系数相同,称正(或斜)等测轴测图,简称正(或斜)**等测图**。

(2) 若有两个轴向伸缩系数相等,即 $p_1 = q_1 \neq r_1$ 或 $p_1 \neq q_1 = r_1$ 或 $r_1 = p_1 \neq q_1$,称正(或斜)**二等测轴测图**,简称正(或斜)**二测图**。

(3) 如果三个轴向伸缩系数都不等,即 $p_1 \neq q_1 \neq r_1$,称正(或斜)**三等测轴测图**,简称正(或斜)**三测图**。

工程上用得较多的是正等测图和斜二测图。

 机械制图

二、正等轴测图

1. 正等轴测投影的形成

将物体放置成使它的三个坐标轴与轴测投影面具有相同的夹角,然后用正投影法向轴测投影面投射,这样所得到的物体的投影,就是其正等测轴测图。

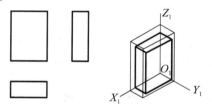

图 2-32 正等测图的轴间角及轴向伸缩系数

2. 正等轴测图的参数

1) 轴间角

因为物体放置的位置使得它的三个坐标轴与轴测投影面具有相同的夹角,所以正等测图的三个轴间角相等且 $\angle X_1 O_1 Z_1 = \angle Z_1 O_1 Y_1 = \angle Y_1 O_1 X_1 = 120°$。在画图时,要将 $O_1 Z_1$ 轴画成竖直位置,$O_1 X_1$ 轴和 $O_1 Y_1$ 轴与水平线的夹角都是 $30°$,因此可直接用直尺和三角板作图,如图 2-32 所示。

2) 轴向伸缩系数

正等测图的三个轴的轴向伸缩系数都相等,即 $p_1 = q_1 = r_1 \approx 0.82$。为了简化作图,常将三个轴的轴向伸缩系数取为 1,以此代替 0.82。运用简化后的轴向伸缩系数画出的轴测图与按实际的轴向伸缩系数画出的轴测投影图相比,形状无异,只是图形在各个轴向方向上放大了 $1/0.82 \approx 1.22$ 倍,如图 2-33 所示。

图 2-33 轴向伸缩系数不同的两种正等测的比较

3. 平面立体正等轴测图的基本画法

画轴测图的基本方法是坐标法。其步骤一般为:先根据物体形状特点,建立适当的坐标系;根据物体的尺寸坐标关系,画出物体上某些点的轴测投影;顺次连接各点的轴测投影,作出物体上某些线和面,逐步完成物体的全图。

为作图简便,坐标系的原点一般建立在物体表面的对称中心或顶点处。

例 11 根据正六棱柱的主、俯视图,作出其正等测图(见图 2-34)。

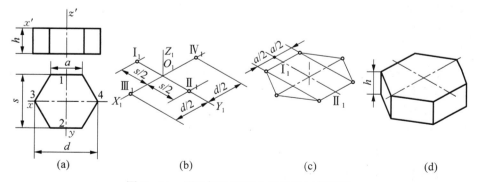

图 2-34 用坐标法画正六棱柱的正等测图

(a) 在视图上定坐标轴　(b) 画轴测轴、根据尺寸 s、d 定出 I_1、II_1、III_1、IV_1 点
(c) 过 I_1、II_1 作直线平行 $O_1 X_1$,并在所作两直线上各取 $a/2$ 连接各顶点
(d) 过各顶点向下取尺寸 h;画底面各边;描深即完成全图

例 12 根据正三棱锥的主、俯视图,作出其正等测图(见图 2-35)。

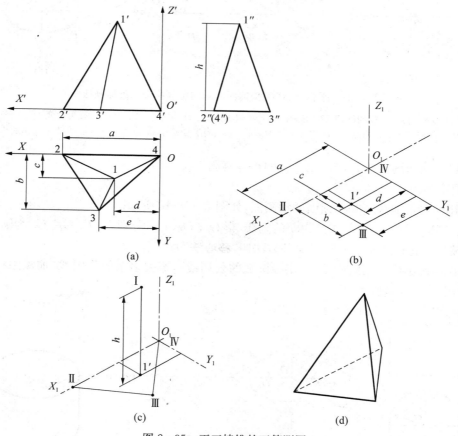

(a)   (b)   (c)   (d)

图 2-35 正三棱锥的正等测图

4. 回转体的正等测图的基本画法

1) 平行于坐标面的圆的正等测图画法

在平行投影中,当圆所在的平面平行于投影面时,它的投影反映实形,依然是圆。而如图 2-36 所示的各圆,虽然它们都平行于坐标面,但三个坐标面或其平行面都不平行于相应的轴测投影面,因此它们的正等测轴测投影就变成了椭圆。椭圆的长轴方向与其外切菱形长对角线的方向一致;椭圆的短轴方向与其外切菱形短对角线的方向一致;长短轴相互垂直。画回转体的正等测时,一定要明确圆所在的平面与哪一个坐标面平行,才能保证画出方位正确的椭圆。

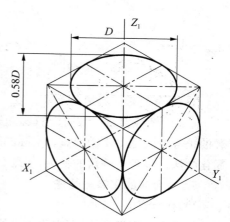

图 2-36 平行于坐标面的圆的正等测图

为简化作图,一般常用**"四心法"**近似画椭圆。如图 2-37 所示,是用四心近似法作出的平行于 XOY 坐标面的圆的正等测图。

对于平行于 XOZ 和 ZOY 坐标面的圆的正等测圆,其画法与平行于 XOY 坐标面的圆的正等测图画法完全相同,只须如图 2-37 所示正确地作出其外切正方形的轴测投影即可。

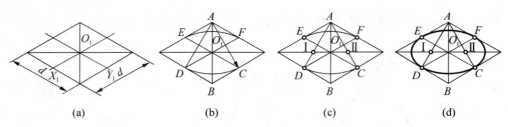

(a)   (b)   (c)   (d)

图 2-37   平行于 *XOY* 坐标面的圆的正等测图的近似画法

(a) 画轴测轴,按圆的外切正方形画出菱形   (b) 以 *A*、*B* 为圆心,*AC* 为半径画两大弧   (c) 连 *AC* 和 *AD* 交长轴于Ⅰ、Ⅱ两点   (d) 以Ⅰ、Ⅱ为圆心,Ⅰ*D* 为半径画小弧,在 *C*、*D*、*E*、*F* 处与大弧连接

例 13   画如图 2-38(a)所示圆柱的正等测图。

作图步骤为:

① 用四心近似法画圆柱顶面的轴测图,如图 2-38(b)所示;

② 从 O_2、O_3、O_4 向下作高为 h 的垂线,得 O_6、O_7、O_8,分别以 O_6、O_7、O_8 为圆心画圆柱底面椭圆,如图 2-38(c)所示(这种方法叫**"移心法"**);

③ 作两椭圆的公切线(上下小半径圆弧的公切线),擦去多余的作图线,加深图线,完成全图,如图 2-38(d)所示。

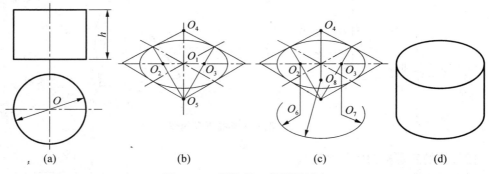

(a)   (b)   (c)   (d)

图 2-38   圆柱的正等测图画法

(a) 视图   (b) 画出顶圆椭圆   (c) 用移心法平移圆心、切点画底面椭圆   (d) 描深

2) 圆角的正等测图的画法

1/4 的圆柱面,称为圆柱角(圆角)。圆角是零件上出现概率最多的结构之一。圆角轮廓的正等测图是 1/4 椭圆弧。实际画圆角的正等测图时,没有必要画出整个椭圆,而是采用简化画法。以带有圆角的平板,如图 2-39(a)所示,其正等测图的画图步骤如下:

5. 组合体的正等测画法

1) 叠加法

对于叠加型组合体,可先将组合体假想分解成若干个基本形体,然后按其相对位置逐个画出各基本体的轴测图,进而完成整体的轴测图,这种方法称为**叠加法**。

如图 2-40 所示为轴承座的轴测图画法,基本步骤如下:

(1) 画轴承座底板顶面,以底板顶面为基准,确定圆筒的轴线及前端面和后端面,如图 2-40(b)所示。

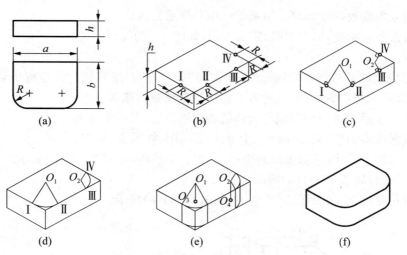

图 2-39　圆角正等测图的画法

（a）平板的视图　（b）画平板的正等测，根据圆角的半径 R，定出切点 I 、II 、III 、IV
（c）过切点作相应棱线的垂线，得交点 O_1 、O_2
（d）分别以 O_1 、O_2 为圆心，O_1-I 、O_2-III 为半径画弧
（e）用移心法画底面圆角，并作右端上下圆弧的公切线
（f）擦去作图线，描深即完成全图

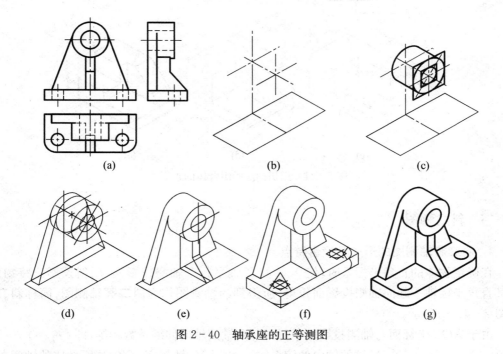

图 2-40　轴承座的正等测图

（2）根据圆筒尺寸，画圆筒，如图 2-40(c)所示。

（3）画支撑板，注意支撑板前端面与圆筒交线的画法，如图 2-40(d)所示。

（4）画肋板，如图 2-40(e)所示。（注意此图中肋板与圆筒柱面的交线被遮挡，不必绘制。）

(5) 画直角底板,再画圆孔,如图 2-40(f)所示。

(6) 擦去多余图线,加深图线,完成全图,如图 2-40(g)所示。

2) 切割法

先画出完整的基本形体的轴测图(通常为方箱),然后按其结构特点逐个切去多余的部分,进而完成组合体的轴测图,这种方法称为**切割法**或**方箱法**。

如图 2-41 所示为一切割型组合体的轴测图画法,基本步骤如下:

(1) 根据形体的长、宽、高画长方体的正等测图,如图 2-41(b)所示。

(2) 根据图中尺寸,作轴测轴的平行线,切去左前角,如图 2-41(c)所示。

(3) 切斜面,如图 2-41(d)所示。

(4) 切右前角,加深图线,完成全图,如图 2-41(e)所示。

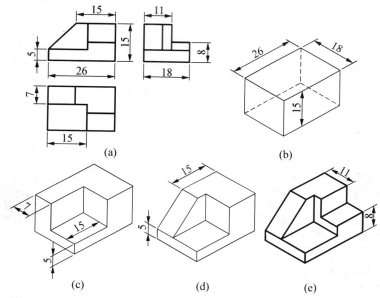

图 2-41　用切割法画组合体的正等测

三、斜二测图

1. 斜二等轴测图的形成及投影特点

在确定物体的直角坐标系时,使 X 轴和 Z 轴平行于轴测投影面,用斜投影法将物体连同其直角坐标轴一起向轴测投影面投射,所得到的轴测图称为**斜二等轴测图**,简称**斜二测**,如图 2-42(a)所示。

由于 XOZ 坐标面与轴测投影面平行,X、Z 轴的轴向伸缩系数相等,即:$p_1 = r_1 = 1$,轴间角 $\angle X_1 O_1 Z_1 = 90°$。Y 轴的轴向伸缩系数 q_1 以及 Y_1 轴与 X_1、Z_1 轴所形成的轴间角,会随着投射方向的不同而不同,可以任意选定。为了绘图简便,国家标准规定:选取 $q_1 = 0.5$,轴间角 $\angle X_1 O_1 Y_1 = \angle Y_1 O_1 Z_1 = 135°$,如图 2-42(b)所示。按照这些规定绘制出来的斜轴测图,称为斜二测。

斜二测的特点是:物体上凡平行于 XOZ 坐标面的表面,其轴测投影反映实形。利用这

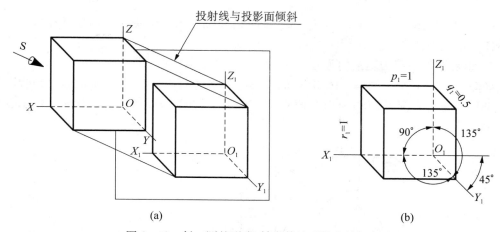

图 2-42　斜二测的形成、轴向伸缩系数和轴间角

（a）斜二测的形成　（b）轴向伸缩系数和轴间角

一特点，在绘制沿单方向形状较复杂的物体（主要是有较多的圆）的斜二测时，比较简便易画。

2. 斜二测的画法

斜二测的具体画法与正等测的画法相似，但它们的轴间角及轴向伸缩系数均不同。由于斜二测中 Y 轴的轴向伸缩系数 $q_1 = 0.5$，所以在画斜二测时，沿 Y_1 轴方向的长度应取物体上相应长度的一半。

例 14　作支架的斜二测。

分析　图 2-43(a)所示的支架，其表面上的圆均平行于正平面。确定直角坐标系时，使坐标轴 Y 与圆孔轴线重合，坐标原点与前表面圆的中心重合，使坐标面 XOZ 与正面平行，选

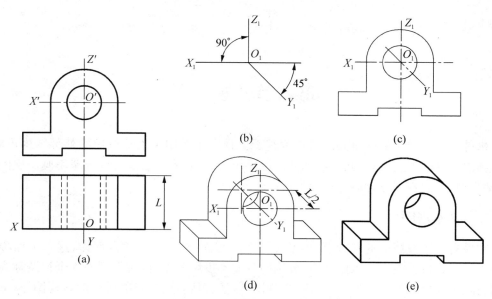

图 2-43　支架的斜二测画法

（a）正投影　（b）画轴测轴　（c）画支架的前表面　（d）沿 O_1Y_1 轴量取 $L/2$ 画支架的后表面
（e）擦去作图线，描深即完成全图

择正面作轴测投影面。这样,物体上的圆和半圆,其轴测图均反映实形,因此作图较为简便。具体作图步骤如图 2 - 43(b)、(c)、(d)、(e)所示。

3. 组合体斜二等轴测图的画法

如图 2 - 44(a)所示的组合体,其正面投影有较多的圆和圆弧,所以画成斜二轴测图最方便。设半圆柱前表面的圆心为坐标原点,绘制斜二等轴测图。画法如图 2 - 44(b)、(c)、(d)、(e)所示。

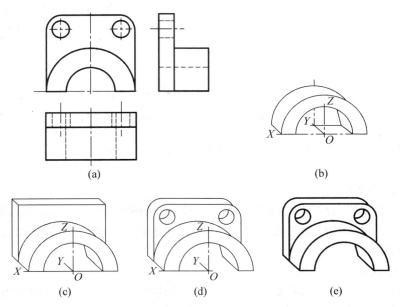

图 2 - 44 组合体的斜二等轴测图

(a) 投影图 (b) 画半圆柱 (c) 画竖板
(d) 画竖板上的圆孔和圆角 (e) 整理、完成全图

第六节 视 图

机件向投影面投射所得的图形称为**视图**。视图主要用于表达机件的外部结构形状,一般只画出机件的可见部分,其不可见部分用虚线表示,必要时虚线可以省略不画。视图可分为:基本视图、向视图、局部视图、斜视图。

一、基本视图

在原有三个投影面的基础上,再增设三个投影面,构成一个正六面体,这六个面称为基本投影面。将机件放在正六面体内,分别向各基本投影面投射,所得到的六个视图称为基本视图。除了前面已经介绍过的主、俯、左视图外,还有从右向左投射所得的**右视图**,从下向上投射所得的**仰视图**,从后向前投射所得的**后视图**。

六个基本投影面的展开方法如图 2-45 所示。

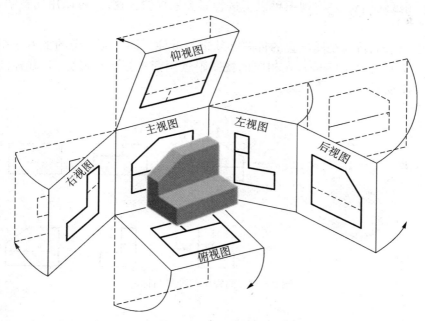

图 2-45　六个基本投影面的展开

六个基本投影面的配置关系如图 2-46 所示。

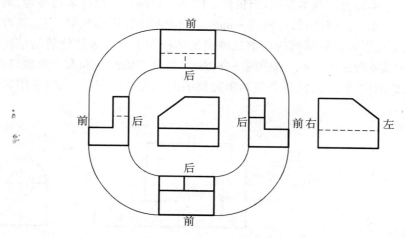

图 2-46　六个基本视图的配置关系

六个基本视图若在同一张图纸上,按如图 2-46 所示的规定位置配置视图时,一律不标注视图名称。

如图 2-46 所示,六个基本视图之间,仍保持**"长对正、高平齐、宽相等"**的投影关系。除后视图外,各视图靠近主视图的一侧均表示机件的后面;各视图远离主视图的一侧均表示机件的前面。

基本视图按如图 2-46 所示的位置配置时,可不标注视图的名称。但在实际绘图过程

中,为了合理利用图纸,可以自由配置的视图,这种可以自由配置的视图,称为**向视图**。为了合理地利用图纸的幅面,基本视图可以不按投影关系配置。这时,可以用向视图来表示,如图 2-47 所示。

为了便于读图,按向视图配置的视图必须进行标注。即在向视图的上方正中位置标注"×"("×"为大写的拉丁字母),在相应的视图附近用箭头指明投影方向,并标注相同的字母,如图 2-47 所示。

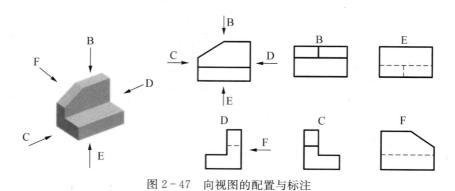

图 2-47　向视图的配置与标注

二、局部视图

将机件的某一部分向基本投影面投射所得的视图,称为**局部视图**。

局部视图是一个不完整的基本视图,当机件上的某一局部形状没有表达清楚,而又没有必要用一个完整的基本视图表达时,可将这一部分单独向基本投影面投射,表达机件上局部结构的外形,注意避免因表达局部结构而重复画出别的视图上已经表达清楚的结构。利用局部视图可以减少基本视图的数量。如图 2-48 所示,机件左侧凸台和右上角缺口的形状,在主、俯视图上无法表达清楚,又没有必要画出完整的左视图和右视图,此时可用局部视图表示两处的特征形状。

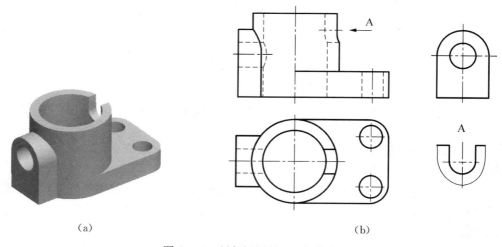

（a）　　　　　　　　　　　　　　　　（b）

图 2-48　局部视图的配置与标注

局部视图的配置与标注规定如下：

（1）局部视图上方标出视图名称"×"（"×"为大写拉丁字母），在相应的视图附近用箭头指明投影方向，并标注相同的字母，如图2-48（b）中的局部视图"A"所示。当局部视图按投影关系配置，中间又没有其他图形隔开时，可省略标注，如图2-48（b）中的局部左视图所示。

（2）为了看图方便，局部视图应尽量配置在箭头所指的一侧，并与原基本视图保持投影关系。但为了合理利用图纸幅面，也可将局部视图按向视图配置在其他适当的位置，如图2-48（b）中的局部视图"A"所示。

（3）局部视图的断裂边界线用波浪线表示，如图2-48（b）中的局部视图"A"所示。但当所表达的部分是与其他部分截然分开的完整结构，且外轮廓线自成封闭时，波浪线可以省略不画，如图2-48（b）中的局部左视图所示。画波浪线时应注意：不应与轮廓线重合或画在其他轮廓线的延长线上；不应超出机件的轮廓线；不应穿空而过。

三、斜视图

机件向不平行于基本投影面的平面投射所得的视图，称为**斜视图**。

当机件上某部分的倾斜结构不平行于任何基本投影面时，在基本视图中不能反映该部分的实形。这时，可增设一个新的辅助投影面，使其与机件的倾斜部分平行，且垂直于某一个基本投影面，如图2-49所示的平面P。然后将机件上的倾斜部分向新的辅助投影面投射，再将新投影面按箭头所指方向，旋转到与其垂直的基本投影面重合的位置，即可得到反映该部分实形的视图。

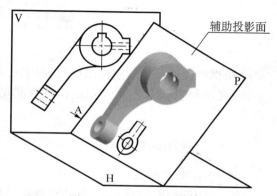

图2-49　斜视图的直观图

斜视图的配置与标注规定如下：

（1）斜视图必须用带字母的箭头指明表达部位的投影方向，并在斜视图上方用相同的字母标注"×"（"×"为大写拉丁字母），如图2-50和图2-51所示"A"。

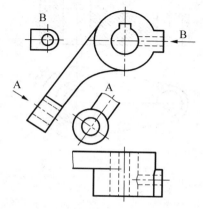

图2-50　斜视图和局部视图（一）

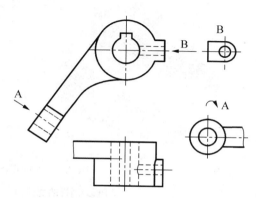

图2-51　斜视图和局部视图（二）

（2）斜视图一般配置在箭头所指方向的一侧，且按投影关系配置，如图2-50所示的斜视图"A"。有时为了合理地利用图纸幅面，也可将斜视图按向视图配置在其他适当的位置，或在不至于引起误解时，将倾斜的图形旋转到水平位置，以便于作图。此时，应标注旋转符号，如图2-51所示。表示该视图名称的大写字母应靠近旋转符号的箭头端。若斜视图是按顺时针方向转正，则标注为"⌒A"，如图2-51所示。若斜视图是按逆时针方向转正，则应标注为"A⌒"。也允许将旋转角度标注在字母之后，如"⌒A60°"或"A60°⌒"。

旋转符号用半圆形细实线画出，其半径等于字体的高度，线宽为字体高度的1/10或1/14，箭头按尺寸线的终端形式画出。

（3）斜视图一般只表达倾斜部分的局部形状，其余部分不必全部画出，可用波浪线断开，如图2-50和图2-51所示的局部斜视图"A"。

在同一张图纸上，按投影关系配置的斜视图和按向视图且旋转放正配置的斜视图，画图时只能画出其中之一，如图2-50和图2-51所示。

第七节　剖　视　图

用视图表达机件的内部结构时，图中会出现许多虚线，影响了图形的清晰性。既不利于看图，又不利于标注尺寸。为此，国家标准规定用"剖视"的方法来解决机件内部结构的表达问题。

一、剖视图的概念

1. 剖视图的形成

假想用剖切面剖开机件，将处在观察者与剖切面之间的部分移去，而将其余部分向投影面投射所得的图形，称为剖视图（简称剖视），如图2-52(a)、(b)所示。

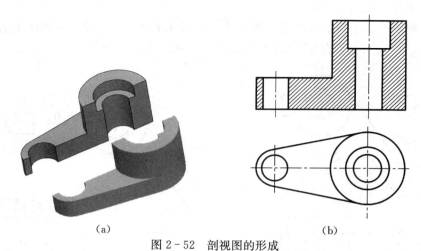

(a)　　　　　　　　　　　　　　(b)

图2-52　剖视图的形成

(a)剖视的立体图　(b)剖视图

2. 断面符号

在剖视图中,被剖切面剖切到的部分,称为**剖面**。为了在剖视图上区分断面和其他表面,应在断面上画出断面符号(金属材料的断面符号是均匀的平行细实线,也称剖面线)。机件的材料不相同,采用的断面符号也不相同。各种材料的断面符号,如表2-4所示。

表2-4 断面符号(GB/T 4457.4—2008)

材料		符号	材料	符号
金属材料(已有规定剖面符号者除外)		(金属斜线)	木质胶合板(不分层数)	(木纹)
非金属材料(已有规定剖面符号者除外)		(交叉网格)	基础周围的泥土	(泥土符号)
转子、电枢、变压器和电抗器等的迭钢片		(竖线)	混凝土	(混凝土点)
线圈绕组元件		(方格)	钢筋混凝土	(钢筋混凝土)
型砂、填砂、粉末冶金、砂轮、陶瓷刀片、硬质合金、刀片等		(点)	砖	(斜线)
玻璃及供观察用的其他透明材料		(玻璃符号)	格网、筛网、过滤网等	(格网)
木材	纵剖面	(纵木纹)	液体	(液体)
	横剖面	(横木纹)		

3. 画剖视图应注意的问题

(1)画剖视图时,剖切机件是假想的,并不是把机件真正切掉一部分。因此,当机件的某一视图画成剖视图后,其他视图仍应按完整的机件画出,不应出现如图2-53所示的俯视图只画出一半的错误。

(2)剖切平面应通过机件上的对称平面或孔、槽的中心线并应平行于某一基本投影面。

(3)剖切平面后方的可见轮廓线应全部画出,不能遗漏。如图2-53所示主视图上漏画了后一半可见轮廓线。同样,剖切平面前方已被切去部分的可见轮廓线也不应画出,如图2-53所示主视图多画了已剖去部分的轮廓线。

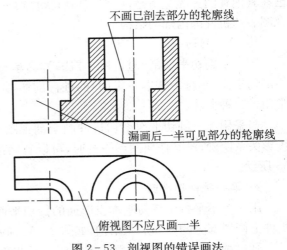

图2-53 剖视图的错误画法

(4)剖视图上一般不画不可见部分的轮廓线。当需要在剖视图上表达这些结构,又能

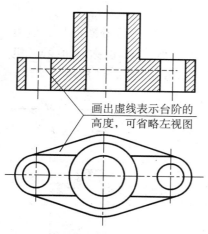

画出虚线表示台阶的高度，可省略左视图

图 2-54　剖视图中的虚线

减少视图数量时，允许画出必要的虚线，如图 2-54 所示。

4. 剖视图的标注

为了便于看图，在画剖视图时，应将剖切位置、剖切后的投影方向和剖视图的名称标注在相应的视图上。

（1）剖切位置：用线宽（1～1.5）b、长约 5～10 mm 的粗实线（粗短画）表示剖切面的起讫和转折位置，如图 2-52（b）所示。

（2）投影方向：在表示剖切平面起讫的粗短画外侧画出与其垂直的箭头，表示剖切后的投影方向，如图 2-52（b）所示。

（3）剖视图名称：在表示剖切平面起讫和转折位置的粗短画外侧写上相同的大写拉丁字母"×"，并在相应的剖视图上方正中位置用同样的字母标注出剖视图的名称"×—×"，字母一律按水平位置书写，字头朝上，如图 2-52（b）所示。在同一张图纸上，同时有几个剖视图时，其名称应顺序编写，不得重复。

二、剖视图的种类

根据机件内部结构表达的需要以及剖切范围大小，剖视图可分为全剖视图、半剖视图和局部剖视图。

1. 全剖视图

用剖切平面（一个或几个）完全地剖开机件所得的剖视图，称为**全剖视图**。当不对称的机件的外形比较简单，或外形已在其他视图上表达清楚，内部结构形状复杂时，常采用全剖视图表达机件的内部的结构形状。

1）单一剖切平面

用一个剖切平面剖开机件的方法，称为**单一剖切**。用单一剖切平面（平行于基本投影面）的进行剖切，是画剖视图最常用的一种方法。

当采用单一剖切平面剖切机件画全剖视图时，视图之间投影关系明确，没有任何图形隔开时，可以省略标注，如图2-55 所示。

2）单一斜剖切平面

用一个不平行于任何基本投影面的剖切平面剖切机件的方法，称为**斜剖**。常用来表达机件上倾斜部分的内部形状结构，如图 2-56 所示。

画这种斜剖视图时，一般应按投影关系将剖视图配置在箭头所指的一侧的对应位置。在不致引起误解的情况下，允许将图形旋转。旋转后的图形要在其上方标注旋转符号（画法同斜视图）。斜剖视图必须标注剖切位置符号和表示投影方向的箭头，如图 2-56 所示。

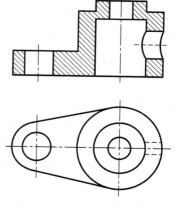

图 2-55　剖视图省略标注

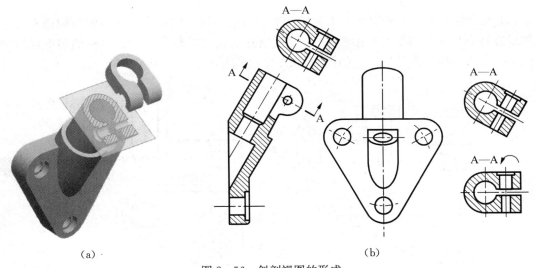

图 2-56 斜剖视图的形成

(a) 斜剖视的直观图 (b) 斜剖视图

3) 几个平行的剖切平面

用两个平行的剖切平面剖开机件的方法,称为**阶梯剖**,如图 2-57(a)、(b)所示。阶梯剖视图用于表达用单一剖切平面不能表达清楚的机件。

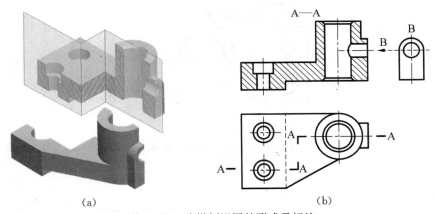

图 2-57 阶梯剖视图的形成及标注

(a) 阶梯剖视的直观图 (b) 阶梯剖视图及正确标注

用阶梯剖的方法画剖视图时,由于剖切是假想的,应将几个相互平行的剖切面当作一个剖切平面作图。在视图中标注剖切位置符号时,转折处必须相互垂直,表示剖切位置起讫、转折处的剖切符号和字母必须标注。当视图之间投影关系明确,没有任何图形隔开时,可以省略标注箭头,如图 2-57(b)所示。阶梯剖视图中常见的错误画法及标注如图 2-58 所示。

4) 几个相交的剖切平面

用两个相交的剖切平面(交线垂直与某一投影面)剖开机件的方法,称为**旋转剖**。如图 2-59(b)所示。当用单一剖切平面不能完全表达机件内部结构时,可采用旋转剖。

采用几个相交的剖切面剖切时应注意:

（1）几个相交剖切面的交线应该是机件上回转结构的回转轴线。倾斜的剖切面必须绕此轴线旋转到与选定的基本投影面平行，使被剖开的结构投影为实形。而在剖切平面后的其他结构一般应按原来位置画它的投影，如图 2 - 59(b)所示的小油孔。

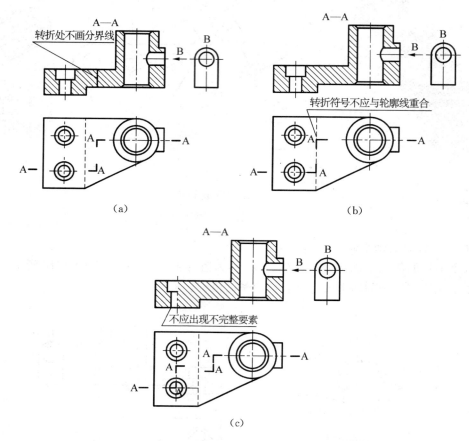

图 2 - 58　阶梯剖视图中常见的错误画法及标注

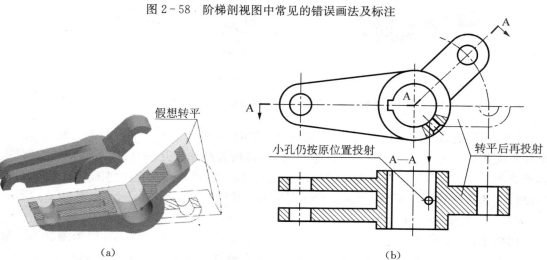

图 2 - 59　旋转剖视图的形成及标注

（a）旋转剖视的直观图　（b）旋转剖视图及正确标注

（2）当剖切后产生不完整要素时，应将该部分按不剖画出，如图 2-60(a)所示。

（3）用几个相交的剖切面得到的剖视图必须标注，并且在任何情况下不可省略。如图 2-60(b)所示当用几个相交剖切面剖切得到的剖视图需采用展开画法时，则标注"×—×展开"字样，如图 2-60(c)所示。

（4）根据立体内部结构特点，几个相交的剖切平面可以和几个平行剖切平面组合，得到剖视图，如图 2-60(d)所示。这种用组合的剖切面剖开机件的方法习惯上被称为**复合剖**。

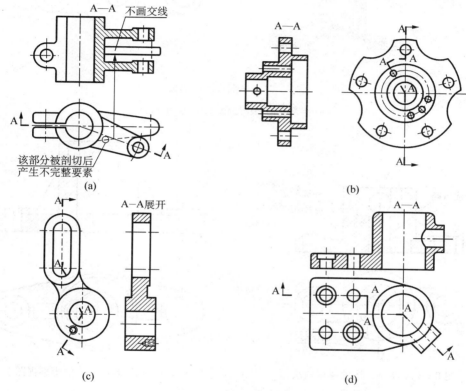

图 2-60　旋转剖视图示例

2. 半剖视图

当机件具有对称平面，向垂直于机件的对称平面的投影面上投射所得的图形，以对称线为界，一半画成剖视图，一半画成视图，这种组合的图形称为**半剖视图**，如图 2-61(b)所示。半剖视图适应于内外形状都需要表达的对称机件或基本对称的机件。

画半剖视图时应注意的问题：

（1）半个视图与半个剖视图的分界线应以对称中心的细点画线为界，不能画成其他图线，更不能理解为机件被两个相互垂直的剖切面共同剖切将其画成粗实线，如图 2-62 所示。

（2）采用半剖视图后，不剖的一半不画虚线，但对孔、槽等结构要用点画线画出其中心位置。如图 2-62 所示，左一半不应画出虚线。

（3）画对称机件的半剖视图时，应根据机件对称的实际情况，将一半剖视图画在主、俯视图的右一半，俯、左视图的前一半上，主、左视图的上一半。基本对称机件的半剖视图，如图 2-63 所示。

机械制图

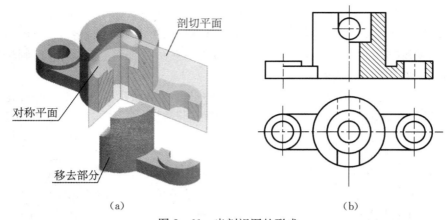

(a)   (b)

图 2-61　半剖视图的形成

(a) 半剖视的剖切过程　(b) 半剖视图

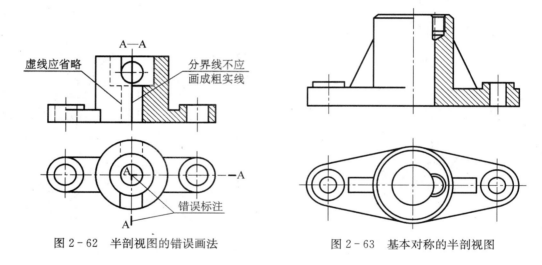

图 2-62　半剖视图的错误画法　　　　图 2-63　基本对称的半剖视图

3. 局部剖视图

用剖切平面局部地剖开机件所得的剖视图称为**局部剖视图**。

局部剖视图主要用于当不对称机件的内、外形状均需在同一视图上兼顾表达,如图 2-64 所示。当对称机件不宜作半剖视,如图 2-65(a) 所示,或机件的轮廓线与对称中心线重合,无法以对称中心线为界画成半剖视图时,如图 2-65(b)、(c)、(d) 所示,可采用局部剖视图。当实心机件上有孔、凹坑和键槽等局部结构时,也常用局部剖视图表达,如图 2-66 所示。

在一个视图上,局部剖的次数不宜过多,否则会使机件显得支离破碎,影响图形的清晰性和形体的完整性。

画局部剖视图应注意的问题:

(1) 局部剖视图中,视图与剖视图部分之间应以波浪线为分界线,画波浪线时:不应超出视图的轮廓线;不应与轮廓线重合或在其轮廓线的延长线上;不应穿空而过。如图 2-67 所示。

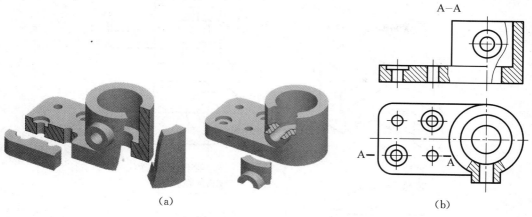

（a）　　　　　　　　　　　　　　（b）

图 2-64　局部剖视图（一）

（a）局部剖视图剖切过程　　（b）局部剖视图

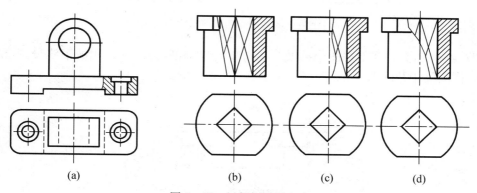

(a)　　　　　　　　(b)　　　　　(c)　　　　　(d)

图 2-65　局部剖视图（二）

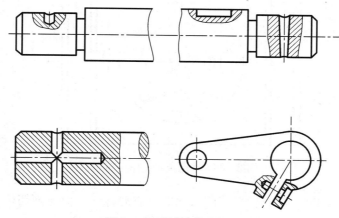

图 2-66　局部剖视图（三）

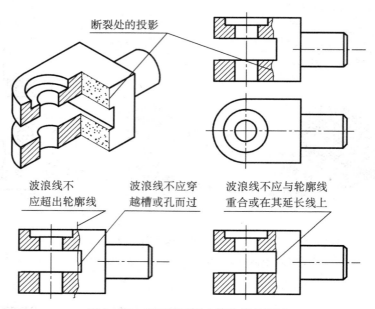

断裂处的投影

波浪线不
应超出轮廓线

波浪线不应穿
越槽或孔而过

波浪线不应与轮廓线
重合或在其延长线上

图 2-67　局部剖视图中波浪线的画法

（2）必要时，允许在剖视图中再做一次简单的局部剖，但应注意用波浪线分开，剖面线同方向、同间隔错开画出，如图 2-68 中的"B—B"所示。

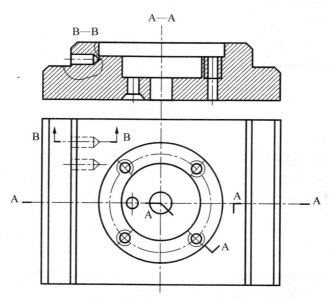

图 2-68　在剖视图上作局部剖

当单一剖切平面的位置明显时，局部剖视图可省略标注。但当剖切位置不明显或局部剖视图未按投影关系配置时，则必须加以标注，如图 2-64(b)所示。

第八节 断 面 图

一、断面图的概念

假想用剖切平面将机件的某处切断,仅画出该剖切面与机件接触部分的图形,这种图形称为**断面图**(简称**断面**),如图 2-69 所示。

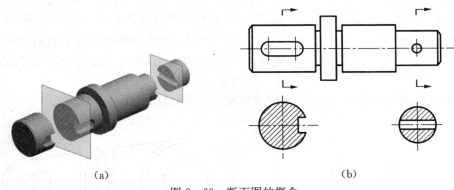

图 2-69 断面图的概念

(a) 断面的直观图 (b) 断面图

断面图与剖视图的主要区别是:断面图仅画出机件与剖切平面接触部分的图形;而剖视图则需要画出剖切平面与机件接触部分的图形,还要画出所有可见部分的图形,如图 2-70 所示。

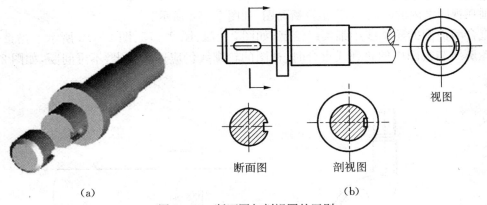

图 2-70 断面图与剖视图的区别

断面图常用来表示机件上某一局部结构的断面形状,如机件上的肋板、轮辐、键槽、小孔、杆件和型材的形状等。

二、断面图的种类

断面图分为移出断面图和重合断面图两种。

1. 移出断面图

画在视图之外的断面,称为**移出断面图**,如图2-69所示。

移出断面图的画法如下:

(1)移出断面图的轮廓用粗实线绘制,并在断面上画断面符号,如图2-69所示。

(2)移出断面图应尽量配置在剖切符号的延长线上,如图2-69所示。必要时也可画在其他适当位置,如图2-71中的"A—A"所示。

(3)当剖切平面通过由回转面形成的凹坑、孔等轴线时,则这些结构应按剖视绘制,如图2-69所示。

(4)由两个(或多个)相交的剖切平面剖切得到的移出断面图,可以画在一起,但中间必须用波浪线隔开,如图2-72所示。

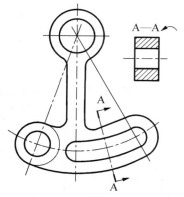

图2-71 移出断面图的画法和标注

(5)当移出断面对称时,可将断面图画在视图的中断处,如图2-73所示。

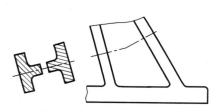

图2-72 断开的移出断面图

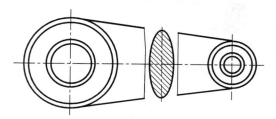

图2-73 配置在视图中断处的移出断面图

2. 重合断面图

画在视图之内的断面,称为**重合断面图**,如图2-74所示。

重合断面图的轮廓线用细实线绘制,如图2-74、图2-75、图2-76所示。当重合断面图轮廓线与视图中的轮廓线重合时,视图的轮廓线仍应连续画出,不可间断,如图2-75所示。

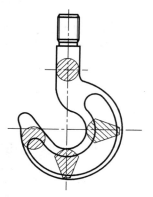

图2-74 重合断面图

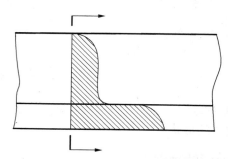

图2-75 不对称的重合断面图

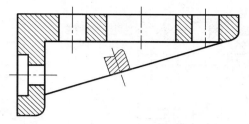

图 2 - 76　对称的重合断面图

第九节　局部放大图和简化画法

一、局部放大图

当机件上某些细小结构,在视图中不易表达清楚或不便标注尺寸时,可将这些结构用大于原图所采用的比例画出,这种图形称为**局部放大图**,如图 2 - 77 所示。

局部放大图可画成视图、剖视图或断面图,它与被放大部分所采用的表达形式无关。局部放大图应尽量配置在被放大部位的附近。

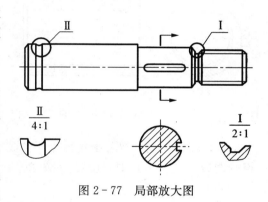

图 2 - 77　局部放大图

局部放大图必须进行标注,一般应用细实线圈出被放大的部位。当同一机件上有几处被放大的部分时,必须用罗马数字依次标明被放大的部位,并在局部放大图的上方标注出相应的罗马数字和所采用的比例。

二、简化画法

(1)对于机件上的肋、轮辐及薄壁等,当剖切平面沿纵向剖切时,这些结构上不画断面符号,而用粗实线将它与其邻接部分分开。当剖切平面按横向剖切时,这些结构仍需画上断面符号,如图 2 - 78 所示。

(2)当需要表达形状为回转体的机件上分布有均匀的肋、轮辐、孔等结构不处于剖切平面上时,可将这些结构假想旋转到剖切平面上画出,且不需加任何标注,如图 2 - 79 所示。

(3)当需要表示剖切平面前已剖去的部分结构时,可用双点画线按假想轮廓画出,如图 2 - 80 所示。

(4)当机件上具有若干相同结构(齿或槽等),只需要画出几个完整的结构,其余用细实线连接,但必须在图上注明该结构的总数,如图 2 - 81 所示。

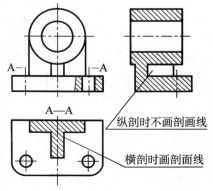

图 2 - 78　肋板的剖切画法

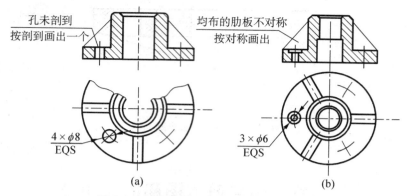

图 2-79　回转体上均匀结构的简化画法

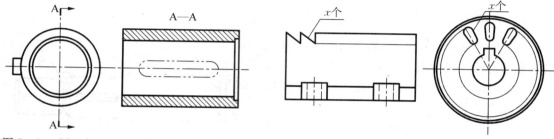

图 2-80　用双点画线表示被剖切去的机件结构　　　图 2-81　相同结构的简化画法(一)

　　(5) 当机件上具有若干直径相同且成规律分布的孔,可以仅画出一个或几个,其余用细点画线或"+"表示其中心位置,如图 2-82 所示。

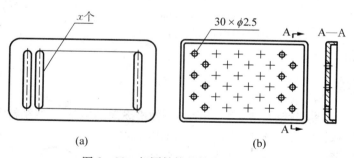

图 2-82　相同结构的简化画法(二)

　　(6) 在不致引起误解时,对称机件的视图可只画一半或四分之一,并在图形对称中心线的两端分别画两条与其垂直的平行细实线(细短画),如图 2-83 所示。也可画出略大于一半并波浪线为界线的圆,如图 2-79(a)所示。

　　(7) 机件上对称结构的局部视图,按如图 2-84 所示的方法绘制。

　　(8) 机件上较小结构所产生的交线(截交线、相贯线),如在一个视图中已表达清楚时,可在其他图形中简化或省略,如图 2-84 和图 2-85 所示。

　　(9) 为了避免增加视图、剖视、断面图,可用细实线绘出对角线表示平面,如图 2-86 所示。

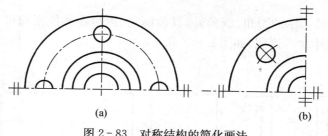

图 2-83　对称结构的简化画法

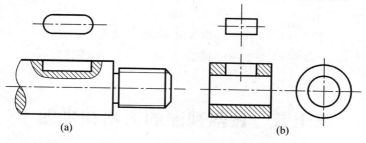

图 2-84　对称结构的局部视图

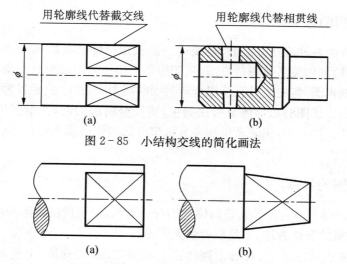

图 2-85　小结构交线的简化画法

图 2-86　用对角线表示平面

（a）轴上的矩形平面画法　（b）锥形平面画法

（10）较长的机件（轴、型材、连杆等）沿长度方向形状一致，或按一定规律变化时，可断开后绘制，如图 2-87 所示。

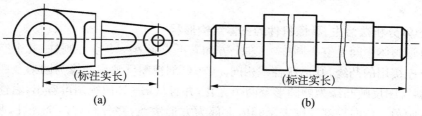

图 2-87　较长机件的折断画法

(11) 除确定需要表示的圆角、倒角外,其他圆角、倒角在零件图均可不画,但必须注明尺寸,或在技术要求中加以说明,如图 2-88 所示。

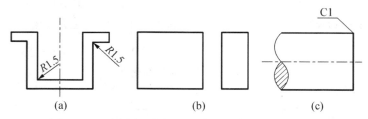

图 2-88 小圆角、小倒圆、小倒角的简化画法和标注

(a) 小倒圆简化 (b) 锐边倒圆 $R0.5$ (c) 小倒角简化

第十节 读剖视图的方法和步骤

一、读剖视图的方法

在掌握了机件的各种表达方法后,还要进一步根据机件已有的视图、剖视图、断面图等表达方法,分析了解剖切关系及表达意图,从而想象出机件的内部形状和结构,即读剖视图。要想很快地读懂剖视图,首先应具有读组合体视图的能力,其次应熟悉各种视图、剖视图、断面图及其表达方法。读图时以形体分析法为主,线面分析法为辅,并根据机件的结构特点,从分析机件的表达方法入手,由表及里逐步分析机件的内外形状和结构,从而想象出机件的实际形状和结构。

二、读剖视图的步骤

下面以如图 2-89(a)所示四通管阀体的剖视图为例,说明读剖视图的步骤:

1. 分析所采用的表达方法,了解机件的大致形状

从四通管阀体表达方法上,可看出阀体由五部分组成,即管体、上连接凸缘、下连接凸缘、左连接凸缘和右连接凸缘,整个阀体上下、左右、前后均不对称。

四通管阀体采用了五个视图。主视图采用 A—A 旋转剖,表达了阀体内部结构。俯视图采用了 B—B 阶梯剖,表达了左、右管道的相对位置。主、俯视图主要表达阀体各个部分的位置和连接凸缘情况,但是上下连接凸缘、左右连接凸缘的形状还不能确定,所以采用了 D 向局部视图来表达上连接凸缘,用 E 向斜视图来表达右连接凸缘,用 C—C 剖视图表达左连接凸缘。

2. 以形体分析法为主,看懂机件的主体结构形状

该四通管阀体中间是空心圆柱,其左上方和右下方各有一个空心圆柱,几个空心圆柱的端部有 4 个连接用的凸缘,其形状各不相同。C—C 剖视图反映出凸缘为圆形及四个均布的光孔,E 向斜视图反映凸缘为卵圆形及两个光孔,并且从 B—B 俯视图可看出,右连接凸缘与阀体主体有倾角。D 向局部视图表示阀体上部为方形法兰,并分布有四个光孔,从 B—B 阶梯剖可看出阀体下部为圆形法兰,并均布四个光孔。

3. 看懂各个细部结构,想象机件的整体形状

以主、俯视图为主,确定四通管阀体的主要形状,然后再把各部分综合起来想象着整体形状,如图 2-89(b)直观图所示。

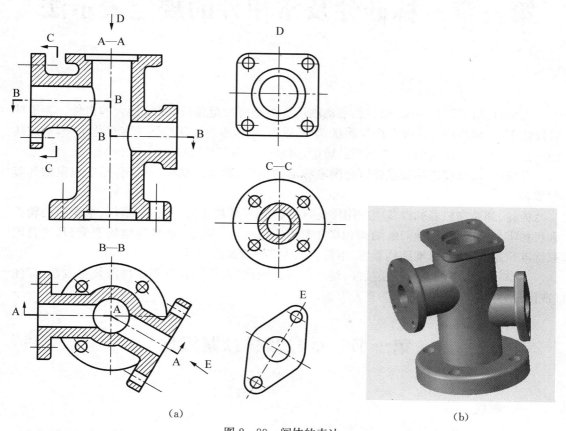

（a）

图 2-89　阀体的表达

（a）阀体的剖视图　（b）直观图

第三章　标准件及常用件的规定表示法

螺栓、螺钉、螺母、垫圈、销、键、滚动轴承等都是应用范围广、需求量大的机件。为了减轻设计工作,提高设计速度和产品质量,降低成本,缩短生产周期和便于专业化生产,对这些面广量大的机件,从结构、尺寸到成品质量,国家标准都有明确的规定。

凡结构、尺寸和成品质量都符合国家标准的机件,称为标准件;不符合标准规定的为非标准件。

齿轮、弹簧在机器和设备中应用广泛,结构固定,是常用件。齿轮、蜗杆、蜗轮中的轮齿和机械零件上的螺纹,他们的结构和尺寸都有国家标准。**轮齿、螺纹等结构要素,凡符合国家标准规定的,叫做标准结构要素,不符合的为非标准结构要素。**

本章将介绍螺纹及螺纹联接件、键、销、滚动轴承、齿轮和弹簧等零件的规定画法、标注(或标记)方法以及有关标准的查表方法。

第一节　螺纹及螺纹紧固件

一、螺纹

螺纹联接在日常生活中随处可见,在机器上的应用也非常广泛。对螺纹的形成和联接特点的学习,有助于我们进一步了解螺纹联接装置在机器上的作用。

1. 螺纹的形成

螺纹是根据螺旋线的形成原理加工而成的,在圆柱或圆锥外表面上加工的螺纹称为外螺纹,在圆柱或圆锥内表面加工的螺纹称为内螺纹。螺纹的加工大部分采用机械化批量生产。小批量、单件产品的外螺纹可采用车床加工,如图 3-1(a)所示;内螺纹可以在车床上加工,也可以先在工件上钻孔,再用丝锥攻制而成,如图 3-2 所示。

2. 螺纹的要素

(1)牙型:沿螺纹轴线剖切的断面轮廓形状称为牙型。图 3-3 所示为三角形牙型的内、外螺纹。此外,还有梯形、锯齿形和矩形等牙型。

(2)直径:螺纹直径有大径(d、D)、中径(d_2、D_2)和小径(d_1、D_1)之分,如图 3-3 所示。其中外螺纹 d 大径和内螺纹小径 D_1 也称顶径。螺纹的公称直径一般为大径。

(3)线数(n):螺纹有单线和多线之分,沿一条螺旋线所形成的螺纹称单线螺纹;沿两条螺旋线所形成的螺纹称多线螺纹,如图 3-4 所示。

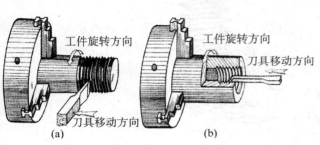

图 3-1 在车床上加工螺纹

（a）车外螺纹 （b）车内螺纹

图 3-2 用丝锥攻制内螺纹

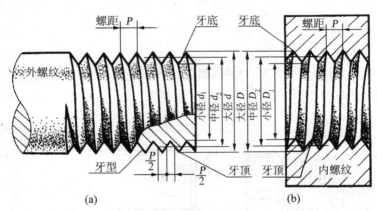

图 3-3 内外螺纹各部分的名称和代号

（a）外螺纹 （b）内螺纹

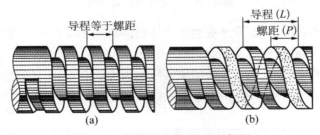

图 3-4 螺纹的线数、导程和螺距

（a）单线螺纹 （b）双线螺纹

（4）螺距（P）与导程（L）：螺距是指相邻两牙在中径线上对应两点间的轴向距离；导程是指在同一条螺旋线上，相邻两牙在中径线上对应两点的轴向距离，如图 3-4 所示。

螺距、导程、线数三者之间的关系式：单线螺纹的导程等于螺距，即 $L = P$；多线螺纹的

导程等于线数乘以螺距，即 $L = nP$，n 为线数。

（5）旋向：螺纹有右旋与左旋两种。工程上常用右旋螺纹。只有以上五个要素都相同的内外螺纹才能旋合在一起。五个要素中的牙型、大径和螺距符合国家标准的称为标准螺纹；不符合国家标准的称为非标准螺纹。

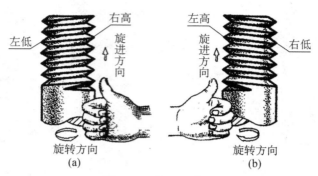

图 3-5　螺纹的旋向

（a）右旋　（b）左旋

3. 螺纹的规定画法

1）外螺纹的画法

如图 3-6 所示，外螺纹的牙顶（大径）和螺纹终止线用粗实线表示，牙底（小径）用细实线表示（小径近似画成 0.85 倍大径）。

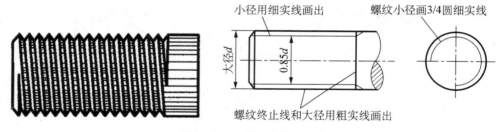

图 3-6　外螺纹的规定画法

在与轴线平行的视图上，表示牙底的细实线画倒角。如需要表示螺纹收尾时，尾部牙底用与轴线成 30°的细实线绘制。

在与轴线垂直的视图上，表示牙底的细实线圆画大约 3/4 圈，且倒角省略不画。

外螺纹需要剖切的画法如图 3-7 所示。注意，剖面线应画到粗实线。

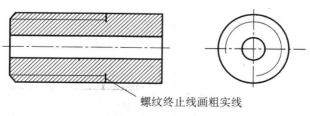

图 3-7　外螺纹剖切的画法

2）内螺纹的画法

画内螺纹通常采用剖视图,如图3-8(b)所示。内螺纹的牙顶(小径)和螺纹终止线用粗实线表示,牙底(大径)用细实线表示(小径近似画成0.85倍大径)。剖面线应画到粗实线。

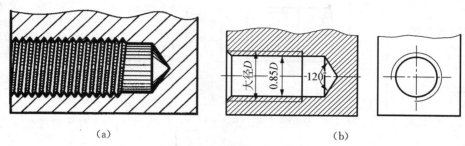

图3-8　内螺纹的规定画法

（a）剖切示意图　（b）剖视图

在与轴线垂直的视图上,若螺孔可见,牙顶用粗实线,表示牙底的细实线圆画大约3/4圈,且孔口倒角省略不画。

绘制不通孔的内螺纹,应将钻孔深度和螺纹深度分别画出。在视图中,若内螺纹不可见,所有螺纹图线用虚线绘制。

3）螺纹联接画法

螺纹联接通常采用剖视图。内、外螺纹旋合部分按外螺纹画出,未旋合部分按各自的规定画法画出,如图3-9所示。

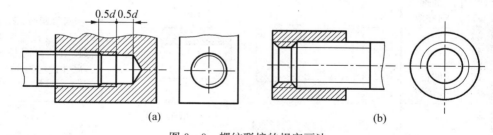

图3-9　螺纹联接的规定画法

（a）不通孔螺纹连接　（b）通孔螺纹连接

4. 螺纹的种类与标注

1）螺纹的种类、牙型和标注

螺纹的规定画法不能清楚地表达螺纹的种类和要素,必须通过标注予以明确。各种常用螺纹的标注方法如表3-1所示。

表 3 - 1　常用标准螺纹的种类、牙型与标注

螺纹类型		特征代号	标 注 示 例	说 明
连接紧固用螺纹	粗牙普通螺纹	M	M10—6g　M10—6H	粗牙普通螺纹,公称直径 10,右旋。外螺纹中径大和顶径公差带都是 6g。内螺纹中径和顶径公差带代号都是 6H,中等旋合长度
	细牙普通螺纹		M8×1LH—6g　M8×1LH—6H	细牙普通螺纹,公称直径 8,螺距 1,左旋。外螺纹中径大和顶径公差带都是 6g。内螺纹中径和顶径公差带代号都是 6H,中等旋合长度
管用螺纹	55°非密封管螺纹	G	G1A　G3/4	55°非密封管螺纹,外螺纹的尺寸代号为 1,公差等级为 A 级,内螺纹的尺寸代号为 3/4
	55°密封管螺纹	圆锥内螺纹 R_c	Rc1/2　Rp1	55°密封管螺纹,R_2 圆锥外螺纹尺寸代号为 1/2,右旋。R_p 为圆柱内螺纹,尺寸代号为 1,右旋
		圆柱内螺纹 R_p		
		圆锥外螺纹 R_1、R_2		
传动螺纹	梯形螺纹	Tr	Tr36×12(p6)—7H	梯形螺纹,公称直径 36 mm,双线螺纹,导程 12 mm,螺距 6 mm,右旋。中径公差带 7H。中等旋合长度
	锯齿形螺纹	B	B70×10LH—7e	锯齿形螺纹,公称直径 70,单线螺纹,螺距 10,右旋。中径公差带为 7e,中等旋合长度

2) 螺纹的标注、识读

（1）普通螺纹的标注格式：

| 牙型符号 | 公称直径 | × | 螺距 | 旋向 | — | 中径公差带代号 | 顶径公差带代号 | — |

| 旋合长度代号 |

普通螺纹的牙型代号用 M 表示，公称直径为螺纹大径。细牙普通螺纹应标注螺距，粗牙普通螺纹不标注螺距。左旋螺纹用"LH"表示，右旋螺纹不标注旋向。螺纹公差代号由表示其大小的公差等级数字和表示其位置的基本偏差的字母（内螺纹为大写，外螺纹为小写）组成，如 6H、6g。如两组公差带不相同，则分别注出代号；如两组公差带相同，则只注一个代号。旋合长度为短(S)、中(N)、长(L)三种，一般多采用中等旋合长度，其代号 N 可省略不注，如采用短旋合长度或长旋合长度，则应标注 S 或 L。

（2）管螺纹的标注格式：

55°密封管螺纹： | 螺纹特征代号 | 尺寸代号 | 旋向代号 |

55°非密封管螺纹： | 螺纹特征代号 | 尺寸代号 | 公差等级代号 | — | 旋向代号 |

（3）梯形螺纹的标注格式：

单线梯形螺纹：

| 牙型符号 | 公称直径 | × | 螺距 | 旋向代号 | — | 中径公差带代号 | — | 旋合长度代号 |

多线梯形螺纹：

| 牙型符号 | 公称直径 | × | 导程(螺距代号 P 和数值) | 旋向代号 | — | 中径公差带代号 | — |

| 旋合长度代号 |

二、螺纹紧固件与紧固联接

1. 常用螺纹紧固件及其规定标记

螺纹紧固件的种类很多，常见的有螺栓、双头螺柱、螺钉、螺母、垫圈等，其结构形状如图 3-10 所示。这类零件的结构型式和尺寸都已标准化，由标准件厂大量生产。在工程设计中，可以从相应的标准中查到所需的尺寸，一般不需绘制其零件图。

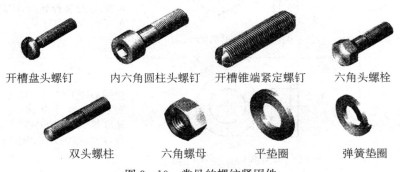

开槽盘头螺钉　　内六角圆柱头螺钉　　开槽锥端紧定螺钉　　六角头螺栓

双头螺柱　　　六角螺母　　　平垫圈　　　弹簧垫圈

图 3-10　常见的螺纹紧固件

机械制图

常用螺纹紧固件的规定标记如表3-2所示。

表3-2　常见螺纹紧固件规定标记

名称及标准号	图例和标记示例	说　　明
六角头螺栓 GB/T 5782—2000	50　M12 标记示例：螺栓 GB/T 5782　　M12×50	螺栓 GB/T 5782　M12×50 表示螺纹规格 d = M12，公称长度 l =50 mm，性能等级为 8.8 级，表面氧化，产品等级为 A 级的六角头螺栓
双头螺柱 GB/T 897—1988	12　50　M12 标记示例：螺柱 GB/T 897　　M12×50	螺柱 GB/T 897　M12×50 表示两端均为粗牙普通螺纹，螺纹规格 d = M12，公称长度 l = 50 mm，性能等级为 4.8 级，不经表面处理，B 型，b_m = 1d 的双头螺柱
开槽沉头螺钉 GB/T 68—2000	35　M8 标记示例：螺钉 GB/T 68　　M8×35	螺钉 GB/T 68　M8×35 表示螺纹规格 d = M8，公称长度 l =35 mm，性能等级为 4.8 级，不经表面处理开槽沉头螺钉
开槽圆柱头螺钉 GB/T 65—2000	35　M8 标记示例：螺钉 GB/T 65　　M8×35	螺钉 GB/T 65　M8×35 表示螺纹规格 d = M8，公称长度 l =35 mm，性能等级为 4.8 级，不经表面处理开槽圆柱头螺钉
开槽锥端紧定螺钉 GB/T 71—1985	M8　25 标记示例：螺钉 GB/T 71　　M8×25	螺钉 GB/T 71　M8×25 表示螺纹规格 d = M8，公称长度 l =25 mm，性能等级为 14 H 级，表面氧化的开槽锥端紧定螺钉
六角螺母 GB/T 6170—2000	M16 标记示例：螺母 GB/T 6170　　M16	螺母 GB/T 6170　M16 表示螺纹规格 D = M16，性能等级为 8 级，不经表面处理，产品等级为 A 级的 Ⅰ 型六角螺母
平垫圈 GB/T 97.1—2002	ϕ17 标记示例：垫圈 GB/T 97.1　　16	垫圈 GB/T 97.1　16 表示公称直径为 16 mm，由钢制造的硬度等级为 200HV 级，不经表面处理，产品等级为 A 级的平垫圈

（续表）

名称及标准号	图例和标记示例	说　　明
弹簧垫圈 GB/T 93—1987	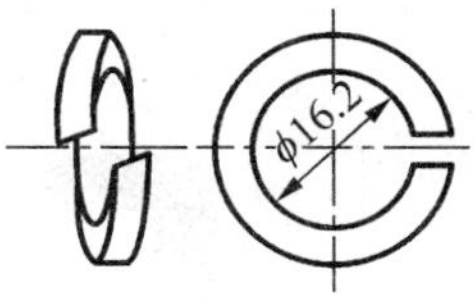 标记示例：垫圈 GB/T 93　16	垫圈 GB/T 93　16 表示公称直径为 16 mm，材料为 65 Mn，表面氧化的标准型弹簧垫圈

2. 螺纹紧固件联接

用螺纹紧固件进行联接的形式主要有三种：螺栓联接、螺柱联接、螺钉联接。如表 3-3 所示，列举了这几种联接的画法和应用。在绘制这些联接图时，紧固件的画法可以根据螺纹的公称直径按比例近似地画出。

无论哪一种联接，其画法均应符合装配图画法的一般规定：

（1）相邻零件的表面接触时，画一条粗实线作为分界线；不接触时按各自的尺寸画出，间隙过小时，应夸大画出。

（2）在剖视图中，相邻两金属零件的剖面线方向应相反，或方向相同，但间距不同或错开。在同一张图上，同一零件在各个剖视图中的剖面线方向、间距应一致。

（3）当剖切平面通过联接件的轴线时，紧固件按不剖画出。

（4）装配图中绘制螺栓和螺母时，六角头头部曲线可以省略，螺钉头部的一字槽可以画成一条特粗线（约 $2d$）。

联接图中一般不要标注，图例中的标注是为了说明比例画法的尺寸关系。

表 3-3　螺纹紧固联接的主要形式

连接方式	图　　例	立体图	主要应用场合
螺栓连接	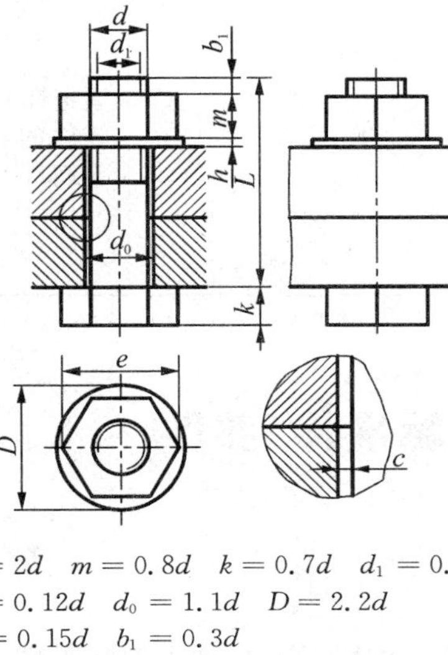 $e=2d$　$m=0.8d$　$k=0.7d$　$d_1=0.85d$ $c=0.12d$　$d_0=1.1d$　$D=2.2d$ $h=0.15d$　$b_1=0.3d$	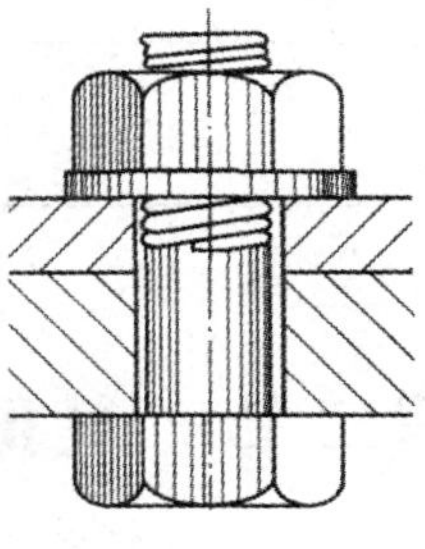	螺栓联接一般适用于联接不太厚的并允许钻成通孔的零件，联接前，先在两个被联接的零件上钻出通孔，套上垫圈，再用螺母拧紧

(续表)

连接 方式	图　例	立体图	主要应用场合
螺柱 连接	$D = 1.5d \quad m' = 0.1d \quad s = 0.2d$ 垫圈开槽方向与水平倾斜 70°左右。 b_m 与被连接零件的材料有关,钢、青铜材料 $b_m = d$;铸铁材料 $b_m = 1.25d$;铝 $b_m = 2d$。		当被联接的零件之一 较厚,或不允许钻成 通孔而不易采用螺栓 联接,或因拆装频繁, 又不宜采用螺钉联接 时,可采用双头螺柱 联接
螺钉 连接			当被联接的零件之一 较厚,且装配后联接 件受轴向力不大时, 通常采用螺钉联接
紧定 螺钉	支紧　　　　骑缝		紧定螺钉用来固定两 零件的相对位置,使 它们不产生相对转动

第二节　其他常用标准件(部件)

一、键联接

键联接是机械中最为常见的联接方式之一,是一种用于轴和轴上旋转零件(齿轮、链轮、蜗轮和摇臂等)之间的周向可拆性联接,起传递转矩的作用。如图 3-11 所示。键是标准件,常用的键有平键、半圆键和钩头楔键等,如图 3-12 所示。键联接画法如表 3-4 所示。

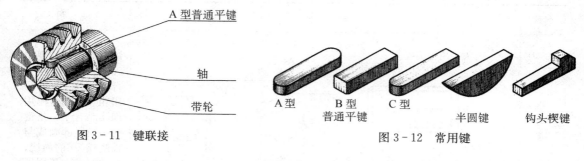

图 3-11　键联接

图 3-12　常用键

表 3-4　键联接

	画　法	说　明
键联接	轴上键槽	普通平键的公称尺寸为 $b \times h$(键宽×键高),可根据轴的直径在相应的标准中查得
	轮毂上键槽	普通平键的规定标记为键宽 $b \times$ 键长 L。例如:$b = 18\,\mathrm{mm}$, $h = 11\,\mathrm{mm}$, $L = 100\,\mathrm{mm}$ 的圆头普通平键(A 型),应标记为:键 $18 \times 11 \times 100$ GB/T 1096—2003(A 型可不标出 A)
	键联接	键联接图中,键的两侧面是工作面,接触面的投影处只画一条轮廓线;键的顶面与轮毂上键槽的顶面之间留有间隙,必须画两条轮廓线,在反映键长度方向的剖视图中,轴采用局部剖视,键按不剖处理

二、花键联接

1. 花键的作用

花键联接由外花键和内花键组成,如图 3-13 所示。它可以传递更大的动力和转矩。花键分为矩形花键和渐开线花键等,矩形花键应用最广。

图 3-13　内、外花键

2. 花键的画法

矩形花键的外花键、内花键和花键联接图如表3-5所示。

表3-5 花键画法

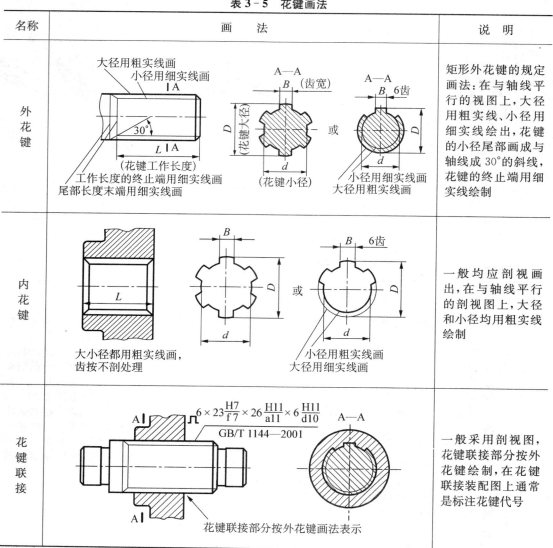

名称	画法	说明
外花键	大径用粗实线画 小径用细实线画 30° (花键工作长度) 工作长度的终止端用细实线画 尾部长度末端用细实线画 A—A (齿宽)B D(花键大径) d(花键小径) 或 A—A 6齿B D d 小径用细实线画 大径用粗实线画	矩形外花键的规定画法：在与轴线平行的视图上，大径用粗实线、小径用细实线绘出，花键的小径尾部画成与轴线成30°的斜线，花键的终止端用细实线绘制
内花键	L 大小径都用粗实线画，齿按不剖处理 B D d 或 6齿B D d 小径用粗实线画 大径用细实线画	一般均应剖视画出，在与轴线平行的剖视图上，大径和小径均用粗实线绘制
花键联接	A $6 \times 23\frac{H7}{f7} \times 26\frac{H11}{a11} \times 6\frac{H11}{d10}$ GB/T 1144—2001 A 花键联接部分按外花键画法表示 A—A	一般采用剖视图，花键联接部分按外花键绘制，在花键联接装配图上通常是标注花键代号

三、销联接

销联接也是机械中常见的联接方式之一，是一种主要用于确定零件之间相对位置并能传递不大动力的联接。常见的形式有圆柱销、圆锥销和开口销等。圆柱销和圆锥销可以联接零件，也可以起定位作用(限定两零件间的相对位置)。开口销常用在螺纹联接的装置中，以防止螺母的松动。如表3-6所示，为销的形式和标记示例及画法。

表 3‑6 销的形式、标记示例及画法

名称	图 例	标记示例	联接画法
圆锥销	$R_1 \approx d$ $R_2 \approx d + (L - 2(a))/50$	销 GB/T 117—2000 A10×100 直径 $d=10$ mm,长度 $L=100$ mm,材料 35 钢,热处理硬度 28～38HRC,表面氧化处理的圆锥销。圆锥销的公称尺寸是指小端直径	
圆柱销	≈15°	销 GB/T 119.1—2000 10m6×80 直径 $d=10$ mm,公差为 m6,长度 $L=80$ mm,材料为钢,不经表面处理。	
开口销		销 GB/T 91—2000 4×20 公称直径 $d=4$ mm,(指销孔直径),$L=20$ mm,材料为低碳钢不经表面处理。	

四、滚动轴承

在机器中滚动轴承是用来支承旋转轴的标准部件,它可以大大减小旋转轴旋转时的摩擦阻力,提高机械效率,且具有结构紧凑等优点,应用极为广泛。

滚动轴承的结构形式、尺寸均已标准化,不需要画零件图。在装配图中,一般采用规定画法或简化画法。

1. 滚动轴承的结构与种类

滚动轴承一般由外圈、内圈、滚动体和保持架组成,如图 3‑14 所示。滚动体的形状有球形、圆柱形、圆锥形、鼓形和滚针形等。

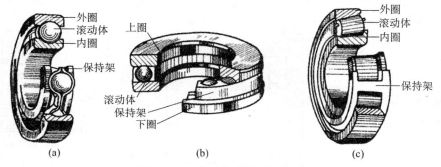

图 3‑14 常用滚动轴承的结构

(a) 深沟球轴承 (b) 推力球轴承 (c) 圆锥滚子轴承

2. 滚动轴承的代号

滚动轴承常用基本代号表示,基本代号由轴承类型代号、尺寸系列代号、内径代号构成。

(1) 轴承类型代号:用数字或字母表示,如表 3-7 所示。

表 3-7　轴承类型代号(摘自 GB/T 272—1993)

代号	0	1	2	3	4	5	6	7	8	N	U	QJ
轴承类型	双列角接触球轴承	调心球轴承	调心滚子轴承	推力调心滚子轴承	圆锥滚子轴承	双列深沟球轴承	推力球轴承	深沟球轴承	角接触球轴承	推力圆柱滚子轴承	圆柱滚子轴承	外球面球轴承	四点接触球轴承

(2) 尺寸系列代号:由轴承宽(高)度系列代号和直径系列代号组合而成,一般用两位数字表示(有时省略其中一位)。它的主要作用是区别内径(d)相同而宽度和外径不同的轴承,具体代号需查阅相关标准。

(3) 内径代号:表示轴承的公称内径,一般用两位数字表示。

① 代号数字为 00,01,02,03 时,分别表示内径 $d=10$ mm,12 mm,15 mm,17 mm。

② 代号数字为 04~96 时,代号数字乘以 5,即得轴承内径。

轴承基本代号举例:

例 1　6209　09 为内径代号,$d=45$ mm;2 为尺寸系列代号(02),其中宽度系列代号 0 省略,直径系列代号为 2;6 为轴承类型代号,表示深沟球轴承。

例 2　30314　14 为内径代号,$d=70$ mm;03 为尺寸系列代号(03),其中宽度系列代号为 0,直径系列代号为 3;3 为轴承类型代号,表示圆锥滚子轴承。

3. 滚动轴承的画法

在装配图中滚动轴承的轮廓按外径 D、内径 d、宽度 B 等实际尺寸绘制,其余部分用规定画法或简化(特征)画法绘制。在同一图样中,一般只采用其中的一种画法。常用滚动轴承的画法,如表 3-8 所示。

表 3-8　常用滚动轴承的画法(摘自 GB/T 4459.7—2000)

名称、标准号和代号	主要尺寸数据	规定画法	特征画法	装配示意图
深沟球轴承 60000	D d B	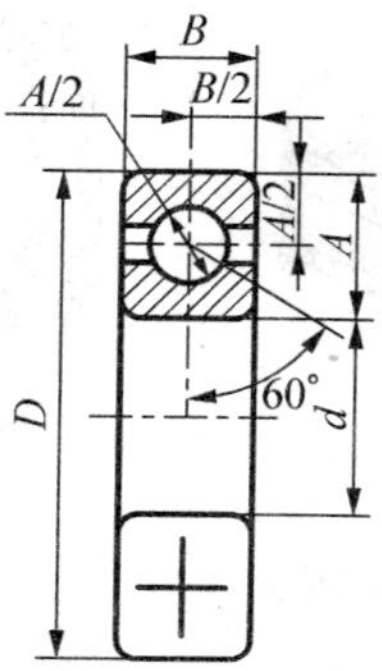	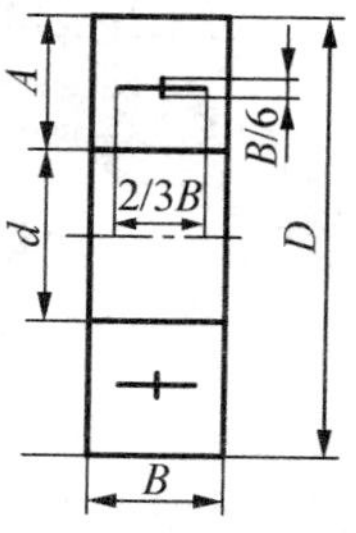	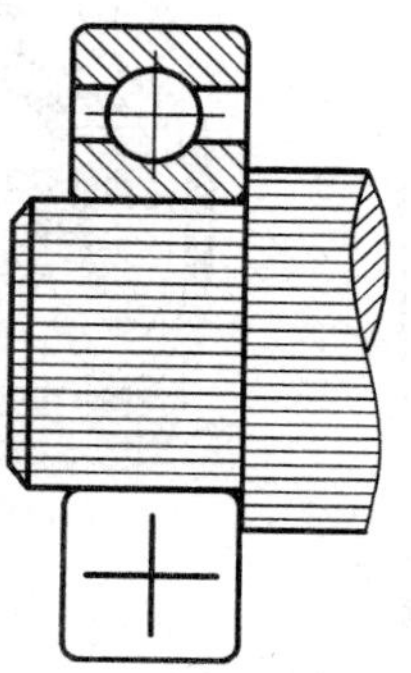

（续表）

名称、标准号和代号	主要尺寸数据	规定画法	特征画法	装配示意图
圆锥滚子轴承 30000	D d B T C			
推力球轴承 50000	D d T			

第三节　常　用　件

　　齿轮传动在日常生活中随处可见，是机器或部件中的传动零件，在机械传动系统中广泛应用，用来传递动力，改变转速和回转方向。齿轮的轮齿部分已标准化，常见有三种类型，如图 3-15 所示。

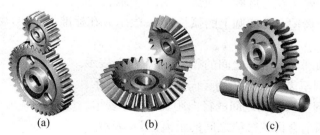

(a)　　　　　(b)　　　　　(c)

图 3-15　常见的传动齿轮

（a）圆柱齿轮　（b）圆锥齿轮　（c）蜗杆蜗轮

一、圆柱齿轮

圆柱齿轮主要用于两平行轴之间的传动。按齿形可分为直齿圆柱齿轮、斜齿圆柱齿轮和人字齿轮等。

1. 直齿圆柱齿轮

1) 直齿圆柱齿轮各部分的名称、代号(见图 3-16)

(1) 齿顶圆:轮齿顶部的圆,直径用 d_a 表示。

(2) 齿根圆:轮齿根部的圆,直径用 d_f 表示。

(3) 分度圆:齿轮加工时用以轮齿分度的圆,直径用 d 表示。在一对标准齿轮互相啮合时,两齿轮的分度圆应相切,如图 3-16(b)所示。

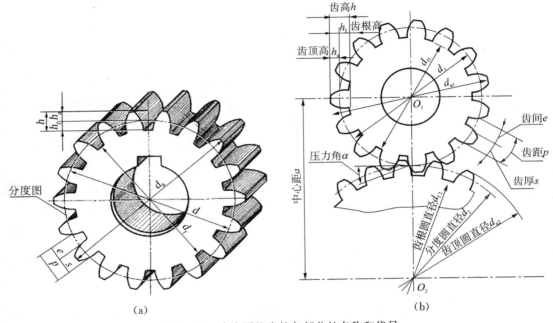

(a)　　　　　　　　　　　　(b)

图 3-16　直齿圆柱齿轮各部分的名称和代号

(4) 齿距:在分度圆上,相邻两齿同侧齿廓间的弧长,用 p 表示。

(5) 齿厚:一个轮齿在分度圆上的弧长,用 s 表示。

(6) 槽宽:一个齿槽在分度圆上的弧长,用 e 表示。在标准齿轮中,齿厚与槽宽各为齿距的一半,即 $s = e = p/2$, $p = s + e$。

(7) 齿高:齿顶圆与齿根圆之间的径向距离,用 h 表示。

齿顶高:分度圆至齿顶圆之间的径向距离,用 h_a 表示。

齿根高:分度圆至齿根圆之间的径向距离,用 h_f 表示。齿高 $h = h_a + h_f$。

(8) 中心距:两啮合齿轮轴线之间的距离,用 a 表示。

2) 齿轮的基本参数

(1) 齿数 z:齿轮上轮齿的个数。

(2) 压力角:轮齿在分度圆的啮合点上 C 处的受力方向与该点瞬时运动方向线之间的

夹角,用 α 表示。标准齿轮 $\alpha = 20°$。

（3）模数:齿距与 π 的比值称为模数,用 m 表示。由于 $\pi d = pz$,所以 $d = zp/\pi$,为计算方便,比值 p/π 称为齿轮的模数,即 $m = p/\pi$,所以 $d = mz$。

为了便于设计和加工,模数已经标准化,我国规定的标准模数数值如表 3-9 所示。

表 3-9　标准模数(圆柱齿轮摘自 GB/T 1357—2008)

第一系列	1, 1.25, 1.5, 2, 2.5, 3, 4, 5, 6, 8, 10, 12, 16, 20, 25, 32, 40, 50
第二系列	1.125, 1.375, 1.75, 2.25, 2.75, 3.5, 4.5, 5.5,(6.5), 7, 9, 11, 14, 18, 22, 28, 35, 45

注:选用时,优先采用第一系列,括号内的模数尽可能不用。

3）直齿圆柱齿轮各部分的尺寸关系

当齿轮的模数 m 确定后,按照与 m 的比例关系,可计算出齿轮其他部分的基本尺寸(见表 3-10)。

表 3-10　标准直齿圆柱齿轮各部分尺寸关系　　　　　（单位:mm）

基本参数:模数 m　齿数 z

名称	代号	公　　式
齿顶高	h_a	$h_a = m$
齿根高	h_f	$h_f = 1.25m$
齿全高	h	$h = 2.25m$
分度圆直径	d	$d = mz$
齿顶圆直径	d_a	$d_a = d + 2h_a = m(z + 2)$
齿根圆直径	d_f	$d_f = d - 2h_f = m(z - 2.5)$
齿距	p	$p = \pi m$
分度圆齿厚	s	$s = \pi m/2$
中心距	a	$a = (d_1 + d_2)/2 = m(z_1 + z_2)/2$

2. 斜齿圆柱齿轮

斜齿圆柱齿轮的轮齿与轴线有一倾角 β,称为**螺旋角**。因此,它的端面齿形与法向(垂直于齿向)齿形不同。由此而出现端面模数 m_t、端面齿距 p_t 与法向模数 m_n、法向齿距 p_n 等参数。其中法向模数 m_n 取标准值。斜齿圆柱轮在端面方向的各部分尺寸计算可参考直齿轮。

3. 圆柱齿轮的规定画法

根据国家标准(GB 4459.2—2003),齿轮的轮齿部分按规定画,轮齿以外的部分,按真实投影绘制。

1) **单个圆柱齿轮的画法**

(1) 齿顶圆和齿顶线用粗实线绘制；分度圆和分度线用点画线绘制；齿根圆和齿根线用细实线绘制，也可省略；在剖视图中，当剖切平面通过齿轮的轴线时，轮齿一律按不剖处理，齿根线用粗实线绘制，如图3-17(a)所示。

(2) 当齿形为斜齿、人字齿时，在外形图或半剖视图中画三条与齿线方向一致的细实线。如图3-17(b)所示。

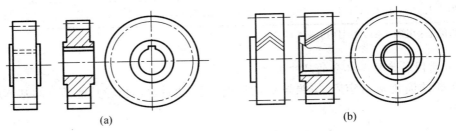

图3-17　单个圆柱齿轮的画法

(a) 单个直齿圆柱齿轮的画法　(b) 单个人字齿、斜齿圆柱齿轮的画法

2) **圆柱齿轮的啮合画法**

(1) 在非啮合区：按单个齿轮的画法绘制。

(2) 在啮合区：在垂直于圆柱齿轮轴线的视图（反映圆的视图）中（通常为左视图），啮合区内两轮的齿顶圆用粗实线绘制或省略不画，两节圆（标准齿轮标准安装时，节圆与分度圆重合）相切，如图3-18(c)或(d)所示。

(3) 在平行于圆柱齿轮轴线的视图中（通常为主视图），若不剖，齿顶线不画，节线用粗实线绘制，如图3-18(a)所示。

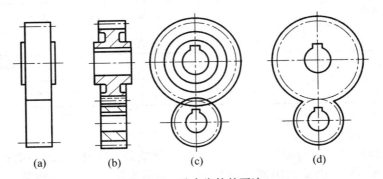

图3-18　啮合齿轮的画法

(a) 主视图不剖　(b) 剖开的主视图　(c) 左视图（啮合区绘齿顶圆）
(d) 左视图（啮合区不绘齿顶圆）

(4) 当剖切平面通过两啮合齿轮的轴线时，在啮合区内，两轮的节线（标准齿轮为分度线）重合为一条点画线，齿根线都画成粗实线，一个齿轮的齿顶线画成粗实线，另一个齿轮的齿顶线画成虚线或省略不画。齿顶和齿根的间隙为$0.25m$。

(5) 平行轴传动中，两个相啮合的斜齿轮螺旋角大小相等，方向相反，如图3-19

所示。

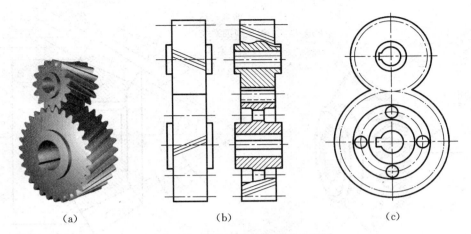

图 3-19 斜齿圆柱齿轮的啮合画法

(a) 立体 (b) 不剖 (c) 剖视

3）齿轮齿条的啮合画法

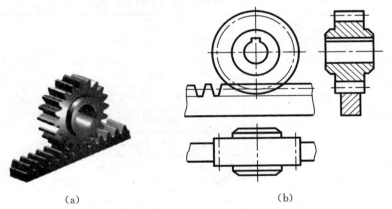

图 3-20 齿轮齿条啮合画法

（a）齿轮齿条啮合图 （b）齿轮齿条啮合图画法

二、直齿圆锥齿轮

圆锥齿轮用于传递相交轴之间的运动,常用的轴线相交夹角为90°。

1. 直齿圆锥齿轮各部分名称及尺寸计算

锥齿轮的轮齿是在圆锥面上切出的,一端大,一端小。为了设计和制造方便,规定以大端的模数为准,用来确定圆锥齿轮的有关尺寸。圆锥齿轮的各部分名称以及尺寸的计算如图 3-21 和表 3-11 所示。

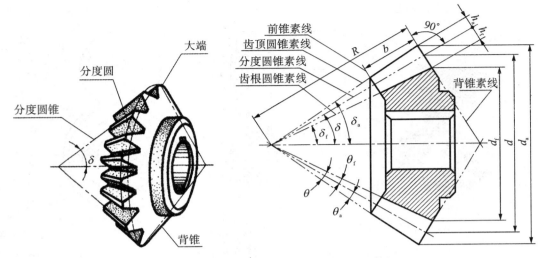

图 3-21　直齿圆锥齿轮各部分名称

表 3-11　标准直齿锥齿轮各部分尺寸的计算公式

基本参数:大端模数 m,齿数 z 和节锥角 δ'

名称	代号	公式	说明
齿顶高	h_a	$h_a = m$	均用于大端
齿根高	h_f	$h_f = 1.2m$	
齿高	h	$h = h_a + h_f = 2.2m$	
分度圆直径	d	$d = mz$	
齿顶圆直径	d_a	$d_a = m(z + 2\cos\delta)$	
齿根圆直径	d_f	$d_f = m(z - 2.4\cos\delta)$	
锥距	R	$R = mz/2\sin\delta$	
齿顶角	θ_a	$\mathrm{tg}\theta_a = 2\sin\delta/z$	
齿根角	θ_f	$\mathrm{tg}\theta_f = 2.4\sin\delta/z$	
节锥角	δ_1 δ_2	$\mathrm{tg}\delta_1 = z_1/z_2$ $\mathrm{tg}\delta_2 = z_2/z_1$	"1"表示小齿轮 "2"表示大齿轮 适用于 $\delta_1 + \delta_2 = 90°$
顶锥角	δ_a	$\delta_a = \delta + \theta_a$	
根锥角	δ_f	$\delta_f = \delta - \theta_f$	
齿宽	b	$b \leqslant R/3$	

2. 锥齿轮的画法

锥齿轮画法如表 3-12 所示。

表 3-12　锥齿轮的画法

画　　法			说　　明
单个锥齿轮画法	 (a) 外形图　　　(b) 剖视图　　　(c) 左视图		(1) 主视图常用全剖视,轮齿按规定不剖,顶锥线和根锥线用粗实线绘制,分度线画成点画线 (2) 在左视图中,大端、小端齿顶圆用粗实线绘制,大端的分度圆用点画线画出,大端齿根圆和小端分度圆规定不画 (3) 在外形图中,顶锥线用粗实线绘制,根锥线省略不画,分度锥线用点画线画出
锥齿轮啮合图			啮合的圆锥齿轮主视图一般取全剖视,啮合区的画法与圆柱齿轮相同。在大齿轮为圆形投影的视图上,小齿轮大端节线和大齿轮大端节圆相切

三、蜗杆与蜗轮

蜗轮和蜗杆用于交叉两轴之间的传动。这种传动方式的速比大,结构紧凑。一般情况下,蜗杆为主动件,蜗轮为从动件。

1. 蜗杆各部分尺寸及画法

蜗杆类似一个梯形牙型的螺杆,它的齿数(也称头数)就是蜗杆上螺旋线的线数。蜗杆各部分尺寸及画法如图 3-22 所示。蜗杆的齿形常采用局部剖视图或局部放大图画出。

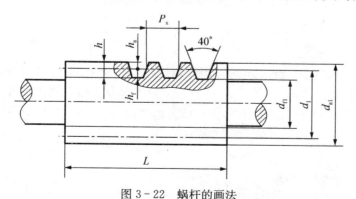

图 3-22　蜗杆的画法

2. 蜗轮各部分尺寸及画法

蜗轮的轮齿是斜的,齿顶面常做成凹形环面。其各部分的名称及画法如图 3-23 所示。其画法与圆柱齿轮基本相同,但在垂直蜗轮轴线的视图中,只画分度圆和最外圆,齿顶圆和齿根圆则省略不画。

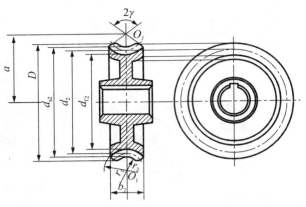

图 3-23 蜗轮画法

3. 蜗轮蜗杆啮合画法

蜗轮、蜗杆啮合一般有剖视和外形图两种画法,如图 3-24 所示。在与蜗轮轴线垂直的视图中,采用局部剖表达啮合区,其余和齿轮画法类似。

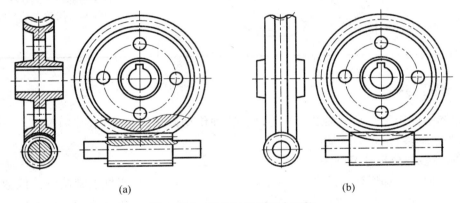

(a)   (b)

图 3-24 蜗轮与蜗杆啮合画法

四、弹簧

弹簧是一种在机器中广泛应用的常用件,具有减振、夹紧、储存能量和测力等功用。弹簧的特点是在其弹性限度内,去掉外力后,能立即恢复原状。常见的弹簧如图 3-25 所示。

机械结构中用到弹簧的地方很多,例如载重汽车前、后悬梁上的承重钢板弹簧,如图 3-26 所示。

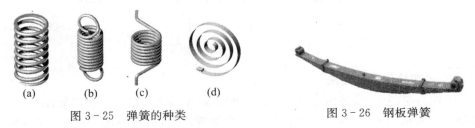

(a)   (b)   (c)   (d)

图 3-25 弹簧的种类

(a) 压缩弹簧　(b) 拉力弹簧
(c) 扭力弹簧　(d) 涡卷弹簧

图 3-26 钢板弹簧

1. 单个圆柱螺旋压缩弹簧的画法

弹簧的基本尺寸:制造弹簧用的金属丝直径用 d 表示;弹簧的外径、内径和中径分别用 D、D_1 和 D_2 表示;节距用 p 表示;高度用 H_0 表示,如图 3-27 所示。

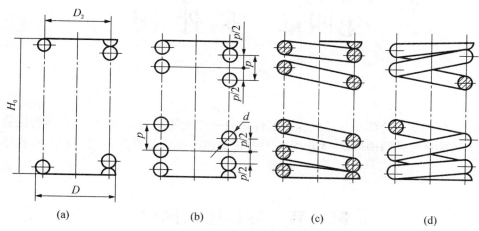

图 3-27　圆柱螺旋压缩弹簧的画图

在绘制弹簧时,弹簧各圈的轮廓线不必按螺旋线的真实投影画出,可画成直线。螺旋弹簧的旋向有左、右之分,一般按照右旋画出。左旋弹簧,不论画成左旋或右旋,一律标出"左"字。

2. 弹簧在装配图中的画法

在装配图中,弹簧被看作是实心件,被弹簧遮挡的部分不画出。当弹簧的簧丝直径小于或等于 2 mm 时,簧丝断面可以涂黑表示,也可采用示意画法画出,如图 3-28 所示。

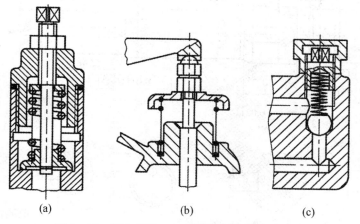

图 3-28　圆柱螺旋压缩弹簧在装配图中的画法

第四章 零件图

任何一台机器或其部件都是由若干零件按照一定的装配关系和设计、使用功能装配而成的。表达单个零件结构形状、大小及技术要求的图样称为**零件图**，它是制造、检验零件的主要依据。

第一节 零件图的内容

一、零件图的内容

图4-1为机器上齿轮差速器中的输入轴的零件图。一张完整的零件图应包括以下内容。

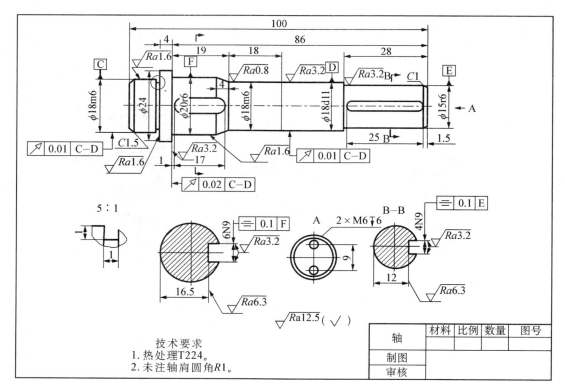

图4-1 齿轮差速器输入轴的零件图

（1）一组视图——用视图、剖视图、断面图等表达方法，完整、清晰地表达零件各部分的结构、形状和位置。

（2）全部尺寸——标注出制造和检验零件时的全部尺寸，确定零件各部分形状大小和相对位置。

（3）技术要求——用文字或符号表明零件在制造、检验及装配时应达到的要求，如表面结构、材料热处理和表面处理等。

（4）标题栏——填写零件名称、材料、数量、作图比例等项目。

二、零件分类

按照零件在机器或部件中的不同作用，一般将零件分为以下三种类型。

1. 一般零件

该类零件的结构形状、大小常根据其在机器或部件中的作用而设计，所以该零件都要画出相应的零件图。一般零件根据其结构特征的不同，又可分为轴套类、轮盘类、叉架类和箱体类四大类典型零件。

2. 标准件

该类零件在机器或部件中主要起连接、支承、密封等作用，具有统一特定的结构，其结构参数已标准化。该类零件不必画出零件图，只要标注出它们的规定标记，按规定标记查阅有关标准，便能得到相应零件的全部尺寸和相关技术要求等，如紧固件、键、销等。

3. 专用零件

该类零件是以自身机器标准而生产的一种零件，在国家标准和国际标准中均无对应产品的零件称为专用零件，比如，某厂为一台设备而专门生产的一些零件。

三、零件图表达方案选择

在零件图中，不但要将零件的内外结构形状正确地用一组视图完整、清晰地表达清楚，还要考虑读图和画图的方便。所以确定合理的零件表达方案是画好零件图的关键。

在选择表达方案时，要先分析零件的结构形状特点，并尽可能了解零件的加工方法以及其在机器或部件中的位置、作用，灵活选择视图。选择原则是：先选好主视图，然后再选其他视图。

1. 主视图的选择

主视图是一组视图的核心，是表达零件形状的主要视图。主视图选择恰当与否，将直接影响整个表达方案和其他视图的选择。因此，确定零件的表达方案，首先应确定主视图。主视图的选择应从投射方向和零件的放置位置两个方面来考虑。

选择最能反映零件形状特征的方向作为主视图的投射方向，也就是说零件的主视图方向按**形体特征原则**来选，如图4-2所示。

确定零件的放置位置应考虑以下

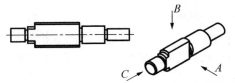

A向为主视图投射方向较好

图4-2 主视图的投射方向

原则：

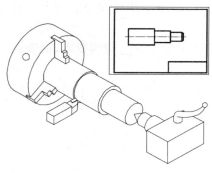

图 4-3　加工位置原则

1）加工位置原则

加工位置原则是指主视图按照零件在机床上加工时的装夹位置放置，应尽量与零件主要加工工序中所处的位置一致。例如，加工轴、套、圆盘类零件，大部分工序是在车床和磨床上进行的，为了使工人在加工时读图方便，主视图应将其轴线水平放置，如图 4-3 所示。

2）工作位置原则

工作位置原则是指主视图按照零件在机器中工作的位置放置，以便把零件和整个机器的工作状态联系起来。对于叉架类、箱体类零件，因为常需经过多种工序加工，且各工序的加工位置也不同，故主视图应选择工作位置，以便读图时与装配图对照，想象出零件在部件中的位置和作用，如图 4-4 所示的吊钩。

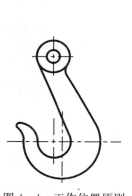

图 4-4　工作位置原则

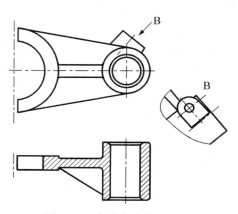

图 4-5　自然安放位置原则

3）自然安放位置原则

如果零件的工作位置是斜的，不便按工作位置放置，而加工位置较多，又不便按加工位置放置，这时可将零件的主要部分放正，按自然安放位置放置，以利于布图和标注尺寸，如图 4-5 所示的拨叉。

由于零件的形状各不相同，在选择不同零件的主视图时，除考虑上述因素外，还要综合考虑其他视图选择的合理性。

2. 其他视图的选择

主视图选定之后，应根据零件结构形状的复杂程度，采用合理、适当的表达方法，来考虑其他视图，对主视图表达未尽部分，选择其他视图完善其表达，使每一视图都具有其表达的重点和必要性。

其他视图的选择，应考虑零件还有哪些结构形状未表达清楚，优先选择基本视图，并根据零件内部形状，选取相应的剖视图。对于尚未表达清楚的零件局部形状或细部结构，可选择局部视图、局部剖视图、断面图、局部放大图等。对于同一零件，特别是结构形状比较复杂的零件,可选择不同的表达方案,进行分析比较,最后确定一个较好的方案。

具体选用时,应注意以下几点。

1) 视图的数量

所选的每个视图都必须具有独立存在的意义及明确的表达重点,并应相互配合、彼此互补。既要防止视图数量过多、表达松散,又要避免将表达重点过多集中在一个视图上。

2) 选图的步骤

首先选用基本视图,然后选用其他视图(剖视、断面等表示方法兼用);先考虑表达零件的主要部分的形体和相对位置,然后再表达细节部分。根据需要增加向视图、局部视图、斜视图等。

3) 图形清晰、便于读图

其他视图的选择,除了要求把零件各部分的形状和它们的相互关系完整地表达出来之外,还应该做到便于读图,清晰易懂,尽量避免使用虚线。

初选时,采用逐个增加视图的方法,即每选一个视图都自行试问:表达什么?是否需要剖视?怎样剖?还有哪些结构未表达清楚等。在初选的基础上进行精选,以确定一组合适的表达方案,在准确、完整表达零件结构形状的前提下,使视图的数量最少。

四、常用典型零件的视图选择

1. 轴套类

轴套类零件主要是由大小不同的同轴回转体(如圆柱、圆锥)组成。通常按加工位置原则,将轴线水平放置画出主视图来表达零件的主体结构,必要时再用局部剖视图或其他辅助视图表达局部结构形状。如图4-1所示差速器中的输入轴,采取轴线水平放置的加工位置画出主视图,反映了轴的细长和台阶状的结构特点,各部分的相对位置和倒角、退刀槽、键槽等,并采用局部剖视图表达了轴右端的两个螺纹不是通孔,又补充了两个移出断面图和一个局部放大图,用来表达键槽的深度和退刀槽等局部结构。

2. 轮盘类

轮盘类零件主要是由回转体或其他平板结构组成。零件主视图采取轴线水平放置或按工作位置放置。常采用两个基本视图表达,主视图采用全剖视图,另一视图则表达外形轮廓和各组成部分,如图4-6所示手轮的零件图,主视图按加工位置将轴线水平放置画出,主要表达零件的轴向结构,并用重合断面图表达了轮辐的断面形状。左视图主要表达轮辐的分布情况。

3. 叉架类

叉架类零件的外形比较复杂,形状不规则,常带有弯曲和倾斜结构,也常有肋板、轴孔、耳板、底板等结构。局部结构常有油槽、油孔、螺孔和沉孔等。在选择主视图时,一般是在反映主要特征的前提下,按工作(安装)位置放置主视图。当工作位置是倾斜的或不固定时,可将其放正后画出主视图。表达叉架类零件通常需要两个以上的基本视图,并多用局部剖视图兼顾内外形状来表达。倾斜结构常用向视图、斜视图、旋转视图、局部视图、斜剖视图、断面图等表达。如图4-7所示脚踏板零件图,主视图表达了空心圆柱、安装板和T形肋板的抓哟结构和相对位置,俯视图表达了空心圆柱、安装板和T形肋板的宽度。A向局部视图表达安装板左端面形状,采用移出断面图表达T形肋板的断面形状。

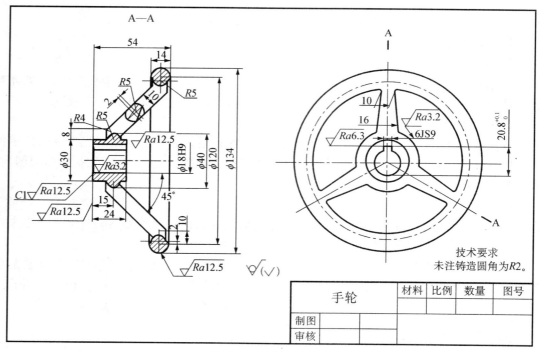

图 4-6　手轮的零件图

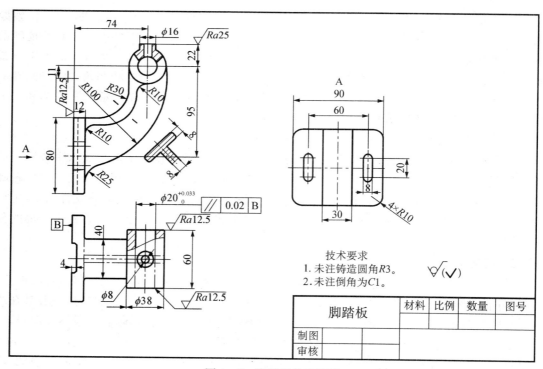

图 4-7　脚踏板的零件图

4. 箱体类零件

箱体类零件主要用来支承、包容其他零件,内外结构都比较复杂。由于箱体在机器中的位置是固定的,因此,箱体的主视图经常按工作位置和形状特征来选择。为了清晰地表达箱体的内外形状结构,需要三个或三个以上的基本视图,并以适当的剖视图表达其内部结构。如图4-8所示的泵体,选用了主、俯、左三个基本视图和一个向视图。主视图反映了泵体上、中、下三个组成部分的形状及位置关系,左右凸台的位置所在,以及泵体大圆柱前端面的6个螺孔和销孔等的分布情况。主视图上的两处局部剖视图,分别表达了接进、出油管的螺孔以及底板上安装孔的结构。左视图为全剖视图,表达了内腔、通孔、螺孔等结构,同时也反映了组成泵体大小圆柱、底板、支承板、肋板等的位置关系。A—A全剖的俯视图表达了底板的形状以及支承板、肋板的位置及厚度。K向局部视图表达了上后部圆柱后端面上螺孔的分布。

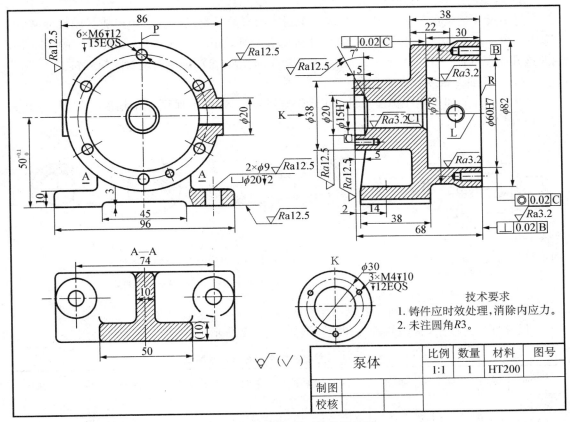

图4-8 齿轮油泵泵体的零件图

五、零件图上的全部尺寸

零件图中的尺寸标注,除了满足正确、完整、清晰的要求之外,还要考虑标注尺寸的合理性,标注尺寸合理性是指所标注尺寸既要满足设计要求,又要符合工艺要求,便于零件的加工和检验。要做到这一点,需要一定的生产经验和专业知识。

1. 尺寸基准的选择

任何零件都有长宽高三个方向的尺寸,每个方向至少要选择一个尺寸基准。一般常选择零件结构的对称面、重要表面、结合面、轴线等作为尺寸基准。轴套类和圆盘类零件的轴

线通常作为径向尺寸的基准,轴肩、端面等常作为轴向尺寸的基准。如图4-1所示的轴的径向尺寸基准是轴线,轴向尺寸基准是$\phi24$的轴肩端面。如图4-8所示箱体的长方向尺寸基准是左右的对称平面P,尺寸45、96等均是以此对称平面为基准对称标出的,宽度方向的尺寸基准是前端面R,高方向尺寸基准是$\phi15H7$的轴线面L。

2. 主要尺寸应直接注出

如图4-8所示的尺寸50是箱体上出油孔到进油孔中心的高度,这个尺寸也是油泵装配完成之后的中心高度,必须由高度方向的尺寸基准直接注出。同理,为了保证底部安装孔与机座上的螺纹孔(图中未表示)对中,必须直接注出中心距74、14等尺寸。

3. 避免出现封闭尺寸链

封闭尺寸链是指首尾相接,串联成一个封闭图形的一组尺寸。避免形成封闭尺寸链,可选择一个不重要的尺寸不予标注,使尺寸链留有开环,如图4-1中所示,标注了的86,19,28这几个尺寸而空出一个不注的尺寸($\phi18$轴段的长度39),避免出现封闭尺寸链。

4. 符合加工顺序和便于测量

按照零件的加工顺序标注尺寸,便于看图和测量,有利于保证加工精度。如图4-9和图4-10所示。

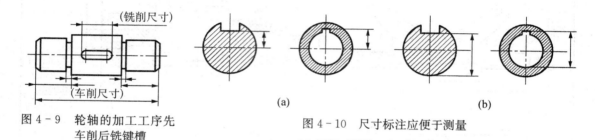

图4-9　轮轴的加工工序先　　　　　　图4-10　尺寸标注应便于测量
　　　　车削后铣键槽　　　　　　　　　(a)不便于测量　(b)便于直接测量

5. 尺寸标注中的常用符号及缩写词

尺寸标注过程中,常用的符号和缩写词如表4-1所示。

表4-1　尺寸标注中常用符号及缩写词

名词	球直径	球半径	厚度	正方形	45°倒角	深度	沉孔或锪平	埋头孔	均布	弧长
符号或缩写词	$S\Phi$	SR	t	□	C	▽	⊔	∨	EQS	⌒

6. 零件上常见孔的尺寸标注

表4-2　常见孔的尺寸标注

类型		旁注法		普通注法	说明
螺纹孔	通孔	3×M6-6H	3×M6-6H	3×M6-6H	3×M6表示直径为6 mm,均匀分布的三个螺孔。可以旁注也可以直接注出

（续表）

类型		旁注法		普通注法	说明
	不通孔	3×M6−6H▽10	3×M6−6H▽10	3×M6−6H	螺孔深度可与螺孔直径连注,也可分开注出
	一般孔	3×M6−6H▽10 孔▽12	3×M6−6H▽10 孔▽12	3×M6−6H	需要注出孔深时,应明确标注孔深尺寸
光孔	一般孔	4×ϕ5▽10	4×ϕ5▽10	4×ϕ5	4×ϕ5 表示直径为5 mm 均匀分布的四个光孔。孔深可与孔径连注,也可以分开注出
	精加工孔	4×$\phi5^{+0.012}_{0}$▽10 钻▽12	4×$\phi5^{+0.012}_{0}$▽10 钻▽12	4×$\phi5^{+0.012}_{0}$▽10	光孔深为 12 mm,钻孔后需精加工至 $\phi5^{+0.012}_{0}$ mm,深度为 10 mm
	锥销孔	锥销孔ϕ5 配作	锥销孔ϕ5 配作	锥销孔无普通注法	ϕ5 mm 为与锥销孔相配的圆锥销小头直径。锥销孔通常是相邻两零件装在一起时加工的
沉孔	锥形沉孔	6×ϕ7 ∨ϕ13×45°	6×ϕ7 ∨ϕ13×45°	90° ϕ13 6×ϕ7	"∨"为埋头孔符号。6×ϕ7 表示直径为7 mm 均匀分布的六个孔
	柱形沉孔	4×ϕ7 ⊔ϕ10▽3.5	4×ϕ7 ⊔ϕ10▽3.5	ϕ10 3.5 4×ϕ7	"⊔"为锪平孔、沉孔符号。沉孔的小直径为7 mm;大直径为10 mm,深度为 3.5 mm,都要标注
	锪平孔	4×ϕ7 ⊔ϕ16	4×ϕ7 ⊔ϕ16	⊔ϕ16 4×ϕ7	锪平孔 ϕ16 mm 的深度不需标注,一般锪平到不出现毛面为止

六、零件图上的技术要求

为了使被加工的零件符合设计要求,在零件图中,除视图和尺寸外,还需要注明零件在制造过程中应达到的技术要求。技术要求主要反映对零件的技术性能和质量的要求。零件图上应注明的技术要求主要有尺寸公差、几何公差、零件的表面结构;零件的材料选用和要求,有关热处理和表面处理等说明。

1. 互换性

现代化的制造业要求机械零件和部件具有很高的互换性。从一批规格相同的零件中,任取其中一件,不经修配和再加工,就能顺利的装配成完全符合规定要求的产品,称这批零件具有互换性。零件的互换性主要是通过规定零件的尺寸公差、几何公差及表面结构来实现的。

2. 极限和配合

互换性要求零件的尺寸一致性,而在生产过程中,由于设备条件,如机床、刀具、量具、加工和测量等诸多因素的影响,零件的尺寸不可能做到绝对精准,而且在使用中也无此必要。对于相互配合的零件,将零件尺寸控制在某一合理范围内,既满足互换性要求,又在制造上经济合理,这就形成了极限和配合的概念。

"极限"是用于协调机械零件的使用要求与制造经济性之间的矛盾;"配合"则反映了零件结合时相互之间的关系。

1) 极限和配合的基本概念

基本尺寸 设计给定的尺寸,如图 4 - 11 所示的 $\phi15$。

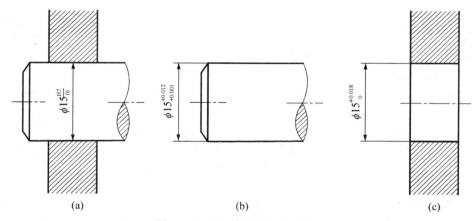

(a)   (b)   (c)

图 4 - 11　孔、轴配合与尺寸公差

(a) 装配图　(b) 轴零件图　(c) 孔零件图

极限尺寸 允许尺寸变动的两个极限值。实际尺寸位于其中,也可达到极限尺寸。

孔或轴允许的最大尺寸,称为**最大极限尺寸**。即:孔为 15.018;轴为 15.012。

孔或轴允许的最小尺寸,称为**最小极限尺寸**。即:孔为 15;轴为 15.001。

极限尺寸可以大于、小于或等于基本尺寸 $\phi15$。

极限尺寸减其基本尺寸所得的代数差,称为**极限偏差**。

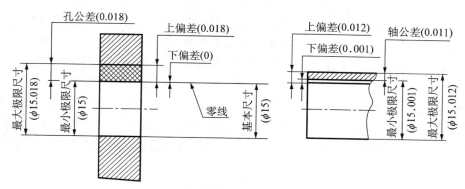

图 4-12 尺寸公差名词解释及公差带图

最大极限尺寸减其基本尺寸所得的代数差,称为**上偏差**。

最小极限尺寸减其基本尺寸所得的代数差,称为**下偏差**。

偏差可以是正值、负值或零。

图 4-11 中孔、轴的极限偏差可分别计算如下:

孔的上偏差 = 15.018 - 15 = +0.018   轴的上偏差 = 15.012 - 15 = +0.012

孔的下偏差 = 15 - 15 = 0   轴的下偏差 = 15.001 - 15 = +0.001

尺寸公差（简称公差） 最大极限尺寸减最小极限尺寸之差,或上偏差减下偏差之差,称为**公差**。它是允许尺寸的变动量,恒为正值。

图 4-11 中孔、轴的公差可分别计算如下:

孔的公差 = 15.018 - 15 = 0.018 或 = 0.018 - 0 = 0.018

轴的公差 = 15.012 - 15.001 = 0.011 或 = 0.012 - 0.001 = 0.011

公差带图 极限和配合的一种示意图。它表示两个相互结合的孔、轴之间的基本尺寸、极限尺寸、极限偏差与公差之间的关系,如图 4-13 所示。

零线是表示基本尺寸的一条直线。通常,零线沿水平方向绘制,正偏差位于零线之上,负偏差位于零线之下。

由代表上偏差和下偏差或最大极限尺寸和最小极限尺寸的两条直线所限定的一个区域,称为**公差带**。它是由公差大小和其相对零线的位置,如基本偏差来确定的,如图 4-13 所示。

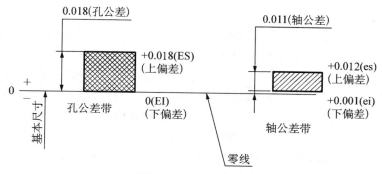

图 4-13 公差带图

公差带大小由标准公差确定。国家标准将标准公差分成 20 个等级,即由 IT01、IT0、IT1、IT2、…IT18 等。01 级最高,18 级最低。公差等级越高,公差数值越小。公差带位置由基本偏差确定。基本偏差是指靠近零线的那个偏差,它可以是上偏差,也可以是下偏差。国家标准对孔和轴分别规定了 28 种基本偏差,用拉丁字母表示。大写字母表示孔,小写字母表示轴。

基本偏差 国家标准中列出的用以确定公差带相对于零线位置的上偏差或下偏差,一般指靠近零线的那个偏差。国家标准中,对孔和轴的每一基本尺寸段规定了 28 个基本偏差,并规定分别用大写和小写拉丁字母作为孔和轴的基本偏差代号,如图 4 - 14 所示。

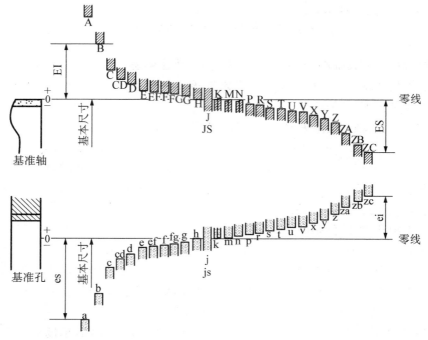

图 4 - 14　基本偏差系列图

公差带代号 公差带的位置由基本偏差确定,公差带的大小由标准公差确定,因此孔、轴公差带用基本偏差字母和标准公差等级数字表示。例如:H7、F5 等为孔的公差带代号,h7、f6 等为轴的公差带代号。

2) 配合

基本尺寸相同的、相互结合的孔和轴公差带之间的关系,称为**配合**。

根据使用要求不同,配合的松紧程度也不同。配合的类型共有三种:

孔的最小极限尺寸大于或等于轴的最大极限尺寸,即具有间隙的配合,称为**间隙配合**。

孔的最大极限尺寸小于或等于轴的最小极限尺寸,即具有过盈的配合,称为**过盈配合**。

轴、孔之间可能具有间隙或过盈的配合,称为**过渡配合**。

孔和轴公差带形成配合的一种制度,称为**配合制度**。

基孔制配合:基本偏差为一定的孔的公差带,与不同基本偏差的轴的公差带形成各种配合的一种制度。基孔制配合的孔,称为**基准孔**,其基本偏差代号为 H。

基轴制配合:基本偏差为一定的轴的公差带,与不同基本偏差的孔的公差带形成各种配合的一种制度。基轴制配合的轴,称为**基准轴**,其基本偏差代号为 h。

3)公差、配合的标注

在装配图上的标注 在装配图上标注配合代号,应采用组合式注法,如图 4-15(a)所示:在基本尺寸后面用分式表示,分子为孔的公差带代号,分母为轴的公差带代号。

在零件图上的标注 在零件图上的标注共有三种形式:在基本尺寸后只注公差带代号如图 4-15(b);或只注极限偏差,如图 4-15(c)所示;或代号和极限偏差兼注,如图 4-15(d)所示。

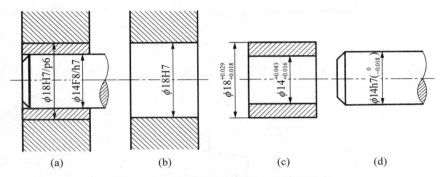

图 4-15 公差配合在图样上的标注形式

(a)在装配图上的注法 (b)只注公差代号 (c)只注极限偏差 (d)代号和极限偏差兼注

3. 几何公差

被加工后的零件,不但会有尺寸公差,而且零件要素(点、线、面)的几何形状和它们的相对位置也会存在误差,这些误差将直接影响机器的性能。因此,对于精度要求较高的零件,不仅要规定尺寸公差以控制实际尺寸的变动,而且还要规定形状、方向、位置和跳动的最大误差允许值。

1)基本概念

几何公差 是指零件的实际形状、方向、位置和跳动公差,是零件的实际几何状况相对于理想几何状况所允许的变动量。

被测要素 指被测零件上的轮廓线、轴线、面及中心平面。

基准要素 零件上用来建立基准并实际起基准作用的实际要素。

2)形位公差的代号

形位公差的代号包括:几何公差特征项目符号、几何公差框格及指引线、基准符号、形位公差数值和其他有关符号等,如图 4-16 所示。基准代号如图 4-17 所示。

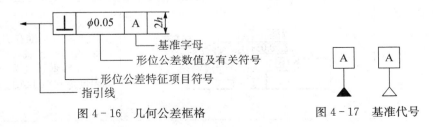

图 4-16 几何公差框格   图 4-17 基准代号

3）几何公差的项目与标注

如表4-3所示，列举了常见的形位公差标注示例及其识读说明。

表4-3　几何公差项目及标注示例

分类	特征项目及符号	标注示例	识读说明
形状公差	直线度 ⎯	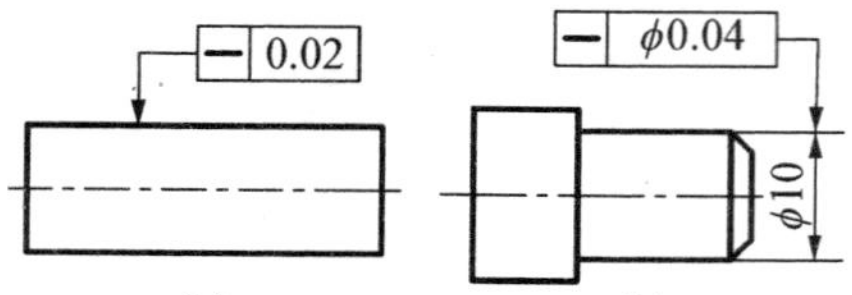 (a) (b)	(a)圆柱表面上任一素线的直线度公差为 0.02 mm；(b)φ10 轴线的直线度公差为 φ0.04 mm
形状公差	平面度 ▱	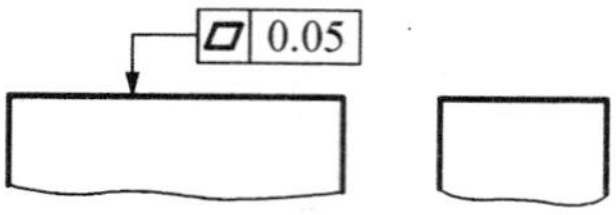	实际平面的形状所允许的变动全量(0.05 mm)
形状公差	圆度 ○	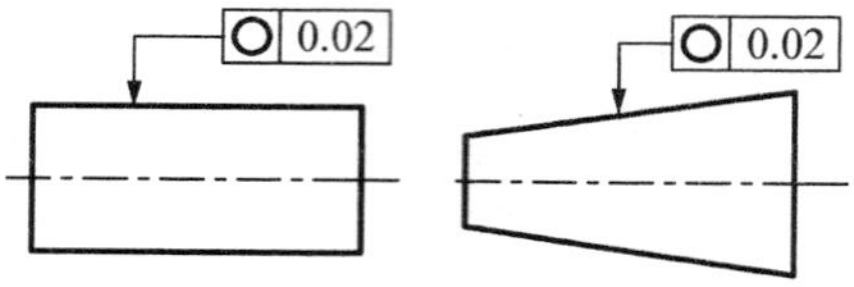	在垂直于轴线的任一正截面上实际圆的形状所允许的变动全量(0.02 mm)
形状公差	圆柱度 ⌭	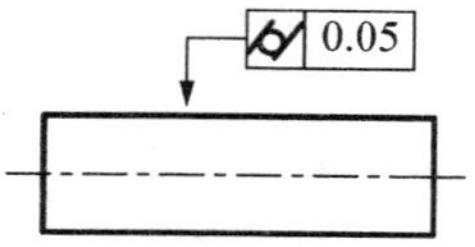	实际圆柱面的形状所允许的变动全量(0.05 mm)
形状或位置公差	线轮廓度 ⌒	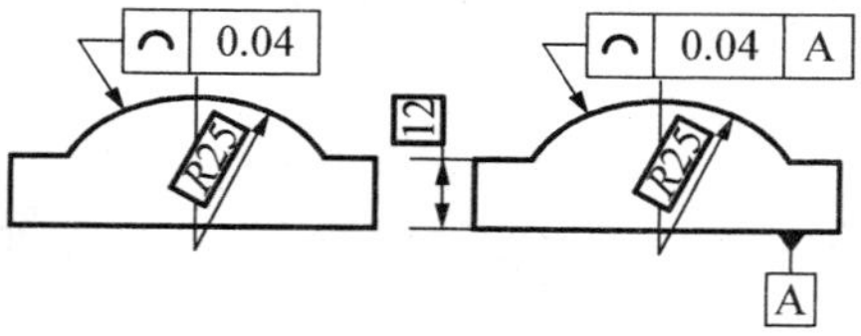	在零件宽度方向，任一横截面上实际线的轮廓形状（对基准 A）所允许的变动全量(0.04 mm)（尺寸线上有方框的尺寸为理论正确尺寸）
形状或位置公差	面轮廓度 ⌓	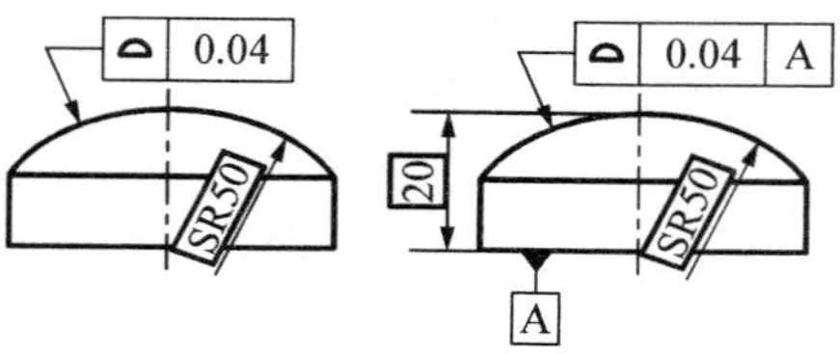	实际表面的轮廓形状（或对基准 A）所允许的变动全量(0.04 mm)
方向公差	平行度 ∥ 垂直度 ⊥ 倾斜度 ∠	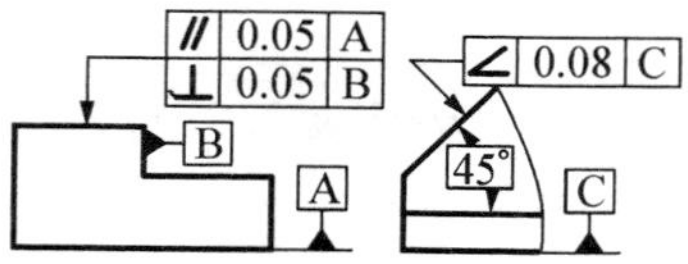	实际要素对基准在方向上所允许的变动全量（平行度为 0.05 mm，垂直度为 0.05 mm，倾斜度为 0.08 mm）

（续表）

分类	特征项目及符号	标注示例	识读说明
位置公差	同轴度 ◎ 对称度 ═ 位置度 ⊕	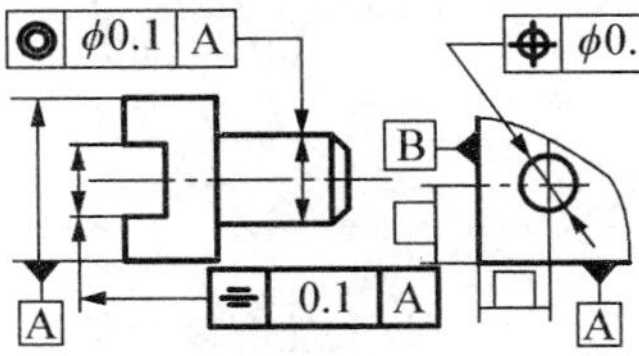	实际要素对基准在位置上所允许的变动全量(同轴度为 φ0.1 mm,对称度为 0.1 mm,位置度 φ0.3 mm)。(尺寸线上有方框的尺寸为理论正确尺寸)
跳动公差	圆跳动 ↗ 全跳动 ↗↗	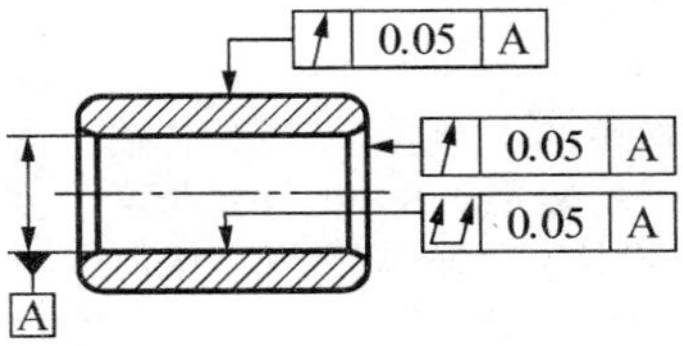	图中所标注圆跳动指实际要素绕基准轴线回转一周时所允许的最大跳动量;图中所标注全跳动指实际要素绕基准轴线连续回转时所允许的最大跳动量。(图中从上到下所注,分别为径向圆跳动、端面圆跳动及径向全跳动。)

4. 表面结构

表面结构是表面粗糙度、表面波纹度、表面缺陷、表面纹理和表面几何形状的总称。下面简要介绍常用的表面粗糙度表示法。

1) 表面粗糙度

经机械加工后的机械零件表面,由于刀痕、切削过程中切屑分离时的塑形变形,刀具与加工表面间的摩擦以及工艺系统中的振动等原因,会使被加工零件的表面出现微观的几何形状误差。把加工表面上具有的较小间距与峰谷所组成的微观几何形状特性称为**表面粗糙度**。

表面粗糙度是评定零件表面质量的重要技术指标,对零件的配合特性、耐磨性、抗腐蚀性以及密封性都有很大影响。

表面粗糙度的大小用两个高度参数 Ra 和 Rz 来表示。常用的数值有 25、12.5、6.3、3.2、1.6。轮廓算数平均偏差 Ra 的单位为 μm。数值越大,表面粗糙度越高;数值越小,表面粗糙度越低,表面越光滑。在满足使用要求的前提下,应尽量选用较大的表面粗糙度值,以降低成本。

轮廓算数平均偏差 Ra 是指在一个取样长度内,纵坐标值 $Z(x)$ 绝对值的算数平均值。轮廓的最大高度 Rz 是指在同一取样长度内,最大轮廓峰顶线和最大轮廓谷底线之间的高度,如图 4-18 所示。

2) 表面结构代号

表面结构代号由表面结构图形符号、结构参数及数值构成,必要时还应标注取样长度、加工工艺、表面纹理等要求。表面粗糙度符号√、√ 表示加工表面,√、√ 表示不加工表面(如铸、锻件表面等)。如表 4-4 所示,是表面结构代号标注示例。

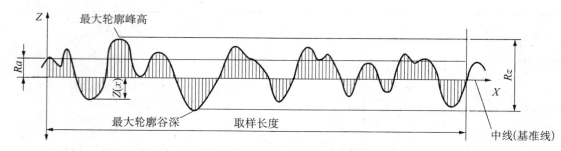

图 4-18　轮廓的算数平均偏差 Ra 和轮廓最大高度 Rz

表 4-4　表面结构代号示例

序号	代号示例	含义及解释	补充说明
1	$\sqrt{}$ $Ra0.8$	表示不允许去除材料,单向上限值,默认传输带,R 轮廓,算术平均偏差 0.8 μm,评定长度为 5 个取样长度(默认),"16%规则"(默认)。	参数代号与极限值之间应留有空格(下同),默认传输带和取样长度均可查相关标准
2	$\sqrt{}$ $Ra0.8$	表示去除材料,其余同上。	(同上)
3	$\sqrt{}$ $Rz\max0.2$	表示去除材料,单向上限值,默认传输带,R 轮廓,粗糙度最大高度的最大值 0.2 μm,评定长度为 5 个取样长度(默认),"16%规则"(默认)。	本表 1～3 例均为单向极限要求,且均为单向上限值,则均不可加"U",若为单向下限值,则应加注"L"
4	$\sqrt{}$ $U\ Ra\max3.2$ $L\ Ra0.8$	表示不允许去除材料,双向极限值,两极限值均使用默认传输带,R 轮廓,上限值:算术平均偏差 3.2 μm,评定长度为 5 个取样长度(默认),"最大规则",下限值:算术平均偏差 0.8 μm,评定长度为 5 个取样长度(默认),"16%规则"(默认)。	本例为双向极限要求,用"U"和"L"分别表示上限值和下限值。在不致引起歧义时,可不加注"U"和"L"

3) 表面结构要求在图样中的注法

表面结构要求对每一表面一般只标注一次,并尽可能注在相应的尺寸及其公差的同一视图上,除非另有说明,所标注的表面结构要求是对完工零件的表面要求。

表面结构要求可标注在可见轮廓线、尺寸线、尺寸界限或它们的延长线上,如图 4-19 所示。

表面结构的注写和读取方向与尺寸的注写和读取方向一致,如图 4-19(a)所示。

其符号应从材料外指向接触面,必要时,表面结构也可用带箭头或黑点的指引线引出标注,如图 4-19(b)所示。

在不至于引起误解时,表面结构要求可以标注在给定的尺寸线上,如图 4-19(c)所示。也可以标注在几何公差框格的上方,如图 4-19(d)所示。

4) 表面结构要求在图样中的简化注法

有相同表面结构要求的简化标注:如果在零件的多数(包括全部)表面有相同的表面结

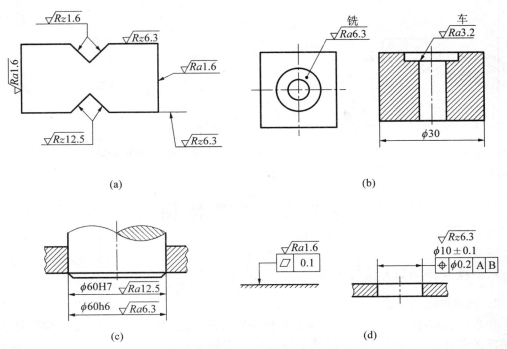

图 4 - 19　表面结构要求的注法

构要求时,则其表面结构要求可统一注写在图样的标题栏附近。此时,表面结构要求的符号后面应该有:在圆括号内给出无任何其他标注的基本符号,如图 4 - 20(a)所示;在圆括号内给出不同的表面结构要求,图 4 - 20(b)所示;不同的表面结构要求应直接标注在图形中,如图 4 - 20(a)、(b)所示。

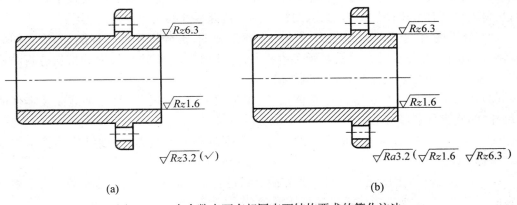

图 4 - 20　大多数表面有相同表面结构要求的简化注法

多个表面有共同要求的注写:用带字母的完整符号的简化注法,如图 4 - 21(a)所示,用带字母的完整符号,以等式的形式,在图形或标题栏附近,对有相同表面结构要求的表面进行简化标注;只用表面结构符号的简化注写,如图 4 - 21(b)所示,用表面结构符号,以等式的形式给出对多个表面共同的表面结构要求。

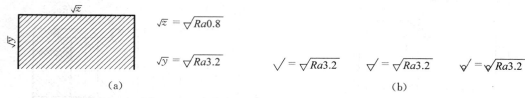

(a)　　　　　　　　　　　　　　　(b)

图4-21　多个表面有共同表面结构要求的注写

(a) 在图面空间有限时的简化注法　　(b) 多个表面结构要求的简化注法

第二节　读零件图

一、读零件图的方法与步骤

1. 读零件图的目的

在生产实践中,零件图是制造和检验机械零件的依据,是反映机械零件结构、大小、技术要求的载体。读零件图的目的就是根据零件图想象出零件的结构形状、了解零件的尺寸和技术要求,以便指导生产和解决技术问题,这是作为机械工程技术人员应具备的素质。

读零件图时,不仅要从图样上分析零件的结构,还要联系零件在机器(或部件)中的位置、功能以及与其他零件的关系来读图。

2. 读零件图的方法与步骤

(1) 概括了解——由标题栏了解零件的名称、材料、比例等。从名称大致了解零件的用途;从材料可知其大概的制造方法;从图样比例可估计零件的大小。

(2) 分析视图、想象零件结构形状——先找主视图,再分析零件各视图,弄清它们的视图名称、剖切位置、投影关系以及其所表达的内容。用形体分析法和线面分析法分析结构的相对位置,然后相互联系,想出零件的整体结构形状。

(3) 分析尺寸——分析零件的总体尺寸、定形尺寸、定位尺寸、尺寸基准以及零件的主要尺寸,明确零件各部分的大小。

(4) 分析技术要求——分析零件的尺寸极限要求与几何公差、表面结构等技术要求和质量指标。

(5) 归纳——综上所述对获得的各方面资料进行归纳,再分析,就能对零件的全貌有个完整的了解,并在头脑中形成零件的整体形状。

二、识读零件图的方法与步骤示例

以图4-22机器上常见的球阀阀体的零件图为例,按下述四个步骤读图:

1. 概括了解

从标题栏可知,零件的名称是阀体,属箱体类零件。由ZG25可知材料是铸钢,该零件是铸件。阀体的内、外表面都有一部分要进行切削加工,加工之前必须先做时效处理。

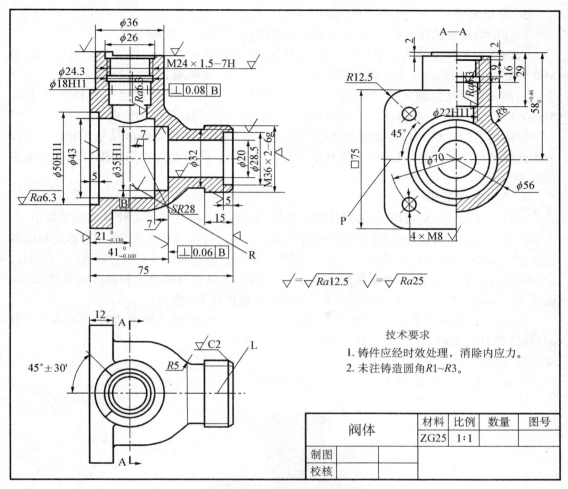

$$\sqrt{} = \sqrt{Ra12.5} \qquad \sqrt{} = \sqrt{Ra25}$$

技术要求
1. 铸件应经时效处理，消除内应力。
2. 未注铸造圆角R1~R3。

阀体	材料	比例	数量	图号
	ZG25	1:1		
制图				
校核				

图 4-22 球阀阀体零件图

2. 分析视图, 想象零件的结构形状

该阀体用三个基本视图表达内外形状。主视图采用全剖视, 主要表达内部结构形状。俯视图表达外形。左视图采用 A—A 半剖视, 补充表达内部形状及安装板的形状。

阀体是球阀的主要零件之一, 须对照球阀的装配图进行读图。阀体左端通过螺柱和螺母与阀盖连接, 形成球阀容纳阀芯的 $\phi 43$ 空腔, 左端的 $\phi 50H11$ 圆柱形槽与阀盖的圆柱形凸缘相配合; 阀体空腔右侧 $\phi 35H11$ 圆柱形槽, 用来放置球阀关闭时防止泄露的密封圈; 阀体右端有用于连接系统中管道的外螺纹 $M36 \times 2$, 内部阶梯孔 $\phi 28.5$、$\phi 20$ 与空腔相通; 在阀体上部的 $\phi 36$ 圆柱体中, 有 $\phi 26$、$\phi 22H11$、$\phi 18H11$ 的阶梯孔与空腔相通, 在阶梯孔内容纳阀杆、填料压紧套; 阶梯孔顶端 90° 扇形限位凸块 (对照俯视图), 用来控制扳手和阀杆的旋转角度。

通过上述分析, 对于阀体在球阀中与其他零件之间的装配关系比较清楚了。然后再对照阀体的主、俯、左视图综合想象它的形状; 球形主体结构的左端是方形凸缘; 右端和上部都是圆柱形凸缘, 凸缘内部的阶梯孔与中间的球形空腔相通。

3. 分析尺寸

阀体的结构形状比较复杂,标注尺寸很多,这里仅分析其中主要尺寸。

以阀体水平轴线 R 为(高度方向)尺寸基准,标注直径尺寸 ϕ50H11、ϕ35H11、ϕ20 和 M36×2 等。同时标注了水平轴线到顶端的高度尺寸 58(左视图上)。

以阀体垂直孔的轴线 P 为长度方向尺寸基准,标注铅垂方向的径向直径尺寸 ϕ36、M24×1.5、ϕ22H11、ϕ18H11 等。同时还标注铅垂孔轴线与左端面的距离 21。

以阀体前后对称面 L 为宽度方向尺寸基准,标注阀体的圆柱体外形尺寸 SR28、左端面方形凸缘外形尺寸 □75,以及四个螺孔的定位尺寸 ϕ70。同时还注出扇形限位块的角度定位尺寸 45°±30′(在俯视图上)。

4. 分析技术要求

通过上述尺寸分析可以看出,阀体中的主要尺寸多数都标注了公差代号或偏差数值,如上部阶梯孔(ϕ22H11)与填料压紧套有配合关系、(ϕ18H11)与阀杆有配合关系,与此对应的表面粗糙度要求也较高 Ra 值为 6.3 μm。阀体左端和空腔右端的阶梯孔 ϕ50H11、ϕ35H11 分别与密封圈有配合关系,由于密封圈的材料是塑料,所以相应的表面粗糙度要求稍低,Ra 值为 12.5 μm。零件上不太重要的加工表面的表面粗糙度 Ra 值为 25 μm。

主视图中对阀体的形位公差要求是:空腔右端与水平轴线的垂直度公差为 0.06;ϕ18H11 圆柱孔相对 ϕ35H11 圆柱孔的垂直度公差为 0.08。

5. 归纳

综合上述分析,想象阀体零件的立体图,如图 4-23 所示。

图 4-23 球阀阀体立体图

第五章 装 配 图

装配图表达机器或部件中各组成零件之间的相互位置、连接关系、工作原理、零件间的装配关系、传动路线以及装配、检验、使用维护等要求的图样。产品在设计过程中,一般先画出装配图,再根据装配图绘制零件图。在产品制造过程中,先根据零件图进行零件加工和检验,再按照装配图所制定的装配工艺规程将零件装配成机器或部件;在产品使用、维修过程中,也经常要通过装配图来了解产品的工作原理及构造。因此,装配图是设计思想、指导生产及进行技术交流的重要技术文件。

第一节 装配图的内容

如图 5-1 所示,是球阀的轴测装配图。球阀装配图是由 13 种零件按照一定的配合性质和相互位置与连接关系装配而成的。球阀的工作原理是通过扳手转动,带动阀杆传递转矩,改变阀芯内孔与阀体管孔截面的大小,从而达到改变通过球阀的液体流量。

一张完整的装配图应具有以下几方面的内容:

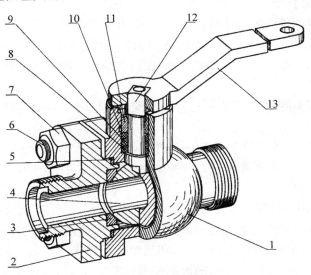

图 5-1 球阀的轴测装配图

1—阀体;2—阀盖;3—密封圈;4—阀芯;5—调整垫;6—螺栓;7—螺母;8—填料垫;
9—中填料;10—上填料;11—填料压紧套;12—阀杆;13—扳手

一、一组视图

在装配图中,要运用机件的各种表达方法以及装配图的规定画法、特殊画法等表达机器或部件的工作原理、装配关系、连接方式和主要零件的结构形式。

如图 5-2 所示是的球阀装配图采用了三个基本视图:主视图采用全剖视图;左视图为半剖视图;俯视图采用局部剖视图;清楚地表达了零件之间的装配关系及其工作原理。

二、必要的尺寸

由于装配图是用来控制装配质量、表明零件间装配关系的图样,因此,装配图必须有规格性能尺寸、装配尺寸(配合尺寸、相对位置尺寸)、安装尺寸、总体尺寸和一些其他的重要尺寸。如图 5-2 所示,管口直径 $\phi20$ 为规格尺寸;M36×2-6g、54 为安装尺寸,$\phi18H11/d11$、$\phi50H9/h9$ 等为配合尺寸;132.5、75、114 为装配后的总体尺寸。

三、技术要求

用文字说明机器或部件的装配、安装、检验、运转和使用的技术要求。它们包括对装配方法的描述,对机器或部件工作性能的介绍,说明检验、试验的方法和条件,指出包装、运输、操作及维修保养应注意的问题等。

四、零件的序号、明细栏和标题栏

用标题栏注明机器或部件的名称、规格、比例、图号以及设计、制图者签名等。在装配图上对每种零件或组件必须进行编号;并编制明细栏,依次注写出各种零件的序号、名称、规格、数量、材料等内容,以便于生产和图样管理。

1. 零、部件序号

(1)相同的零、部件序号只标注一次。

(2)在图形轮廓的外面编写序号,并填写在指引线的横线上或小圆中,横线或小圆用细实线画出。指引线从所指零件的可见轮廓线内引出,并在引出端画一小圆点。序号的字号要比尺寸数字大一号。也可不画水平线或圆,在指引线另一端附近注写序号,序号比尺寸数字大两号。

(3)指引线互相不能相交,当它通过有剖面线的区域时,不应与剖面线平行,必要时,可将指引线弯折一次。

(4)一组紧固件以及装配关系清楚的零件组,可以采用公共指引线,如图 5-3 所示。

(5)零部件序号应沿水平或垂直方向按顺时针(或逆时针)方向依次排列整齐。

2. 明细栏

明细栏是装配图中全部零、部件的详细目录。如图 5-2 所示,明细栏直接画在标题栏上方,序号由下向上顺序填写,如位置不够可在标题栏左边画出。对于标准件,只将其规定标记填写在备注栏内,也可将标准件的数量和规定标记直接用指引线标明在视图的适当位置上,明细栏的外框为粗实线(最上面的边框线用细实线),内格为细实线。

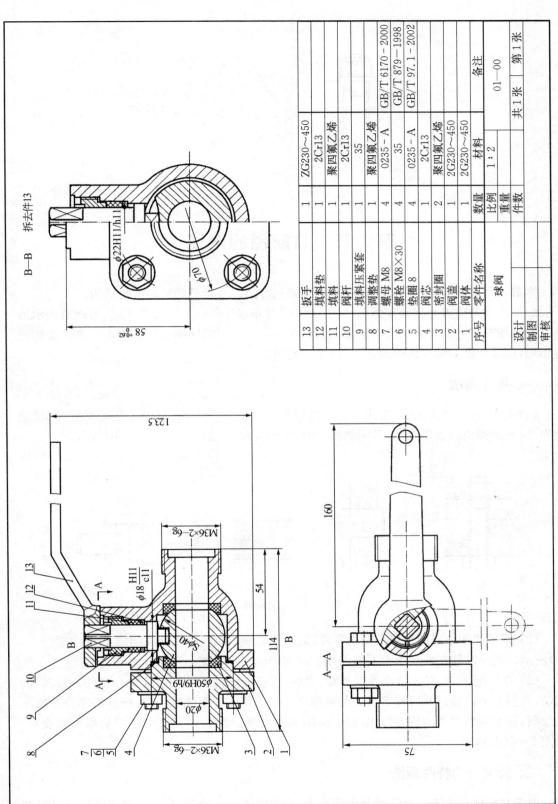

序号	零件名称	数量	材料	备注
13	扳手	1	ZG230～450	
12	填料垫	1	2Cr13	
11	填料	1	聚四氟乙烯	
10	阀杆	1	2Cr13	
9	填料压紧套	1	35	
8	调整垫	1	聚四氟乙烯	
7	螺母 M8	4	0235 - A	GB/T 6170－2000
6	螺栓 M8×30	4	35	GB/T 879－1998
5	垫圈 8	4	0235 - A	GB/T 97.1－2002
4	阀芯	1	2Cr13	
3	密封圈	2	聚四氟乙烯	
2	阀盖	1	2G230～450	
1	阀体	1	2G230～450	

球阀		比例	1：2	01－00
		重量		
		件数		共 1 张 第 1 张
设计				
制图				
审核				

图 5－2 球阀装配图

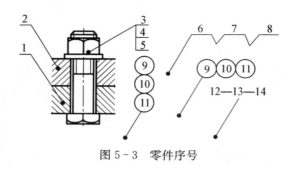

图 5-3　零件序号

第二节　装配图的画法

本节着重介绍装配图的规定画法和特殊表达方法以及常见的装配工艺结构。

装配图的侧重点是将装配体的结构、工作原理和零件间的装配关系正确、清晰地表示清楚。前面所介绍的机件表示法中的画法及相关规定对装配图同样适用。但由于表达的侧重点不同，国家标准对装配图的画法，又做了一些规定。

一、规定画法

（1）零件间接触面、配合面的画法。两相邻零件的接触表面，只画一条轮廓线；不接触表面，应分别画出两条轮廓线，若间隙很小时，可夸大表示，如图 5-4(a)、(b)所示。

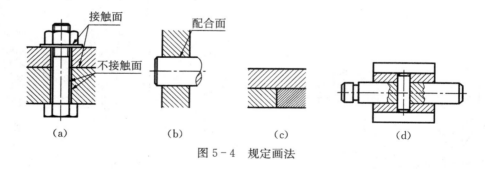

图 5-4　规定画法

（2）相邻的两个或两个以上金属零件，剖面线的倾斜方向应相反或间隔不同，如图 5-4(c)所示。同一零件在各视图上的剖面线方向和间隔必须一致。

（3）在装配图中，对于紧固件以及轴、手柄、连杆、球、钩子、键、销等实心零件，若按纵向剖切，且剖切平面通过其对称平面或与对称平面相平行的平面或轴线时，则这些零件均按不剖绘制，如需特别表明这些零件上的局部结构，如凹槽、键槽、销孔等则可用局部剖视表示，如图 5-4(d)所示。

二、装配图的特殊画法

由于装配体是由若干个零件装配而成的，有些零件彼此遮盖，有些零件有一定的活动范围,还有些零件或组件属于标准产品,因此,为了使装配图既能正确完整,而又简练清楚地表达装配体的结构,国标中还规定了一些特殊的表达方法。

1. 拆卸画法

当某些零件遮住了需要表达的结构与装配关系时,可假想将这些零件拆去后,再画出某一视图。或沿零件结合面进行剖切,相当于拆去剖切平面一侧的零件,此时结合面上不画剖面线,必要时应注明"拆去××",如图 5-2 所示的左视图。

2. 假想画法

(1)当需要表示某些零件运动范围或极限位置时,可用双点画线画出该零件的极限位置图,如图 5-5 所示。

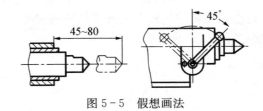

图 5-5 假想画法

(2)当需要表达与部件有关但又不属于该部件的相邻零件或部件时,可用双点画线画出相邻零件或部件的轮廓。

3. 夸大画法

在装配图中,非配合面的微小间隙、薄片零件、细弹簧等,如无法按实际尺寸画出时,可不按比例而夸大画出。如图 5-6 所示的垫片、端盖与轴之间的间隙均夸大画出。

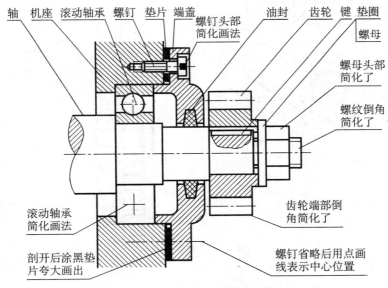

图 5-6 夸大画法、简化画法

4. 单独表示某个零件

在装配图中,当某个零件的形状未表达清楚而又对理解装配关系有影响时,可单独画出该零件的某一视图。

5. 简化画法

(1)在装配图中,零件的工艺结构,如小圆角、倒角、退刀槽等可省略不画。

(2)装配图中的螺纹连接件等若干相同的零件组,允许仅详细画一处,其余则用点划线

标明中心位置,如图5-6所示。

(3)在装配图中,滚动轴承按规定,开采用特征画法或规定画法,图5-6中滚动轴承采用了规定画法和简化画法。在同一图样中,一般只允许采用同一种画法。

(4)在剖视图或断面图中,如果零件的厚度在2 mm以下,允许用涂黑代替剖面符号,如图5-6中的垫片。

6. 展开画法

为了表达某些重叠的装配关系,如多级齿轮变速箱,为了表示齿轮传动顺序和装配关系,可以假想将空间轴系按其传动顺序展平在一个平面上,画出剖视图。这种画法称为展开画法,如图5-7所示。

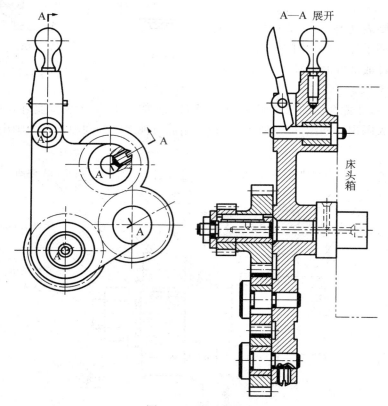

图5-7 展开画法

三、常见的装配结构

为了保证机器或部件的性能、连接可靠、便于零件的装拆,应考虑装配结构的合理性。下面是常见的装配结构以及合理性的正误对比。

1. 接触面的数量和结构

两零件在同一方向(横向、竖向或径向)只能有一对接触面,这样既保证接触良好,又降低加工要求,否则将使加工困难,并且不可能使两零件在同一方向上同时接触多个面,如图5-8所示。

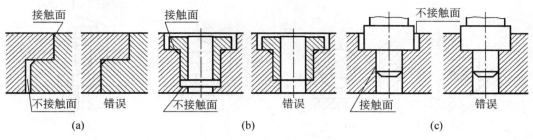

图 5-8　接触面的画法

2. 转折处的结构

零件两个方向的接触面应在转折处做成倒角、倒圆或凹槽，以保证两个方向的接触面接触良好。转折处不应设计成直角或尺寸相同的圆角，否则会使装配时转折处发生干涉，影响装配精度，如图 5-9 所示。

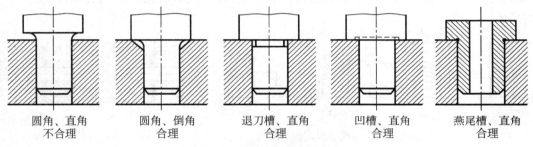

图 5-9　接触面转折处的结构

3. 螺纹连接的结构

为了保证螺纹旋紧，应在螺纹尾部留出退刀槽或在螺孔端部加工出凹坑或倒角，如图5-10 所示。

为了保证连接件与被连接件间接触良好，被连接件上应做成沉孔或凸台，被连接件通孔的直径应大于螺孔大径或螺杆直径，如图 5-11 所示。

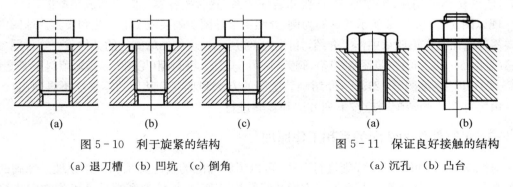

图 5-10　利于旋紧的结构　　　　图 5-11　保证良好接触的结构

（a）退刀槽　（b）凹坑　（c）倒角　　　　（a）沉孔　（b）凸台

4. 维修、拆卸的结构

当用螺栓连接时，应考虑足够的安装和拆卸空间，如图 5-12、5-13 所示。

机械制图

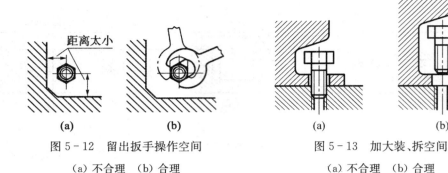

图 5 - 12　留出扳手操作空间　　　　　　图 5 - 13　加大装、拆空间

（a）不合理　（b）合理　　　　　　　　（a）不合理　（b）合理

　　在用孔肩或轴肩定位滚动轴承时,应考虑维修时拆卸的方便与可能。即孔肩高度必须小于轴承外圈厚度;轴肩高度必须小于轴承内圈厚度,如图 5 - 14 所示。

　　为使两零件装配时准确定位及拆卸后不降低装配精度,常用圆柱销或圆锥销将两零件定位,如图 5 - 15(a)所示。为了加工和拆卸的方便,在可能时将销孔做成通孔,如图 5 - 15(b)所示。

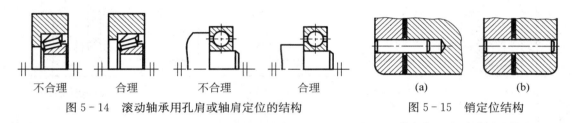

不合理　　　合理　　　不合理　　　合理　　　　　　（a）　　　　（b）

图 5 - 14　滚动轴承用孔肩或轴肩定位的结构　　　　图 5 - 15　销定位结构

　　　　　　　　　　　　　　　　　　　　　　　（a）销定位　（b）定位销孔做成通孔

第三节　画装配图的方法和步骤

　　部件是由若干零件装配而成的,根据零件图及其相关资料,可以了解各零件的结构形状,分析装配体的用途、工作原理、连接和装配关系,然后按各零件图拼画成装配图。

　　现以图 5 - 1 和 5 - 2 所示的球阀为例,介绍由零件图拼画装配图的方法和步骤。球阀中的主要零件阀体已在第四章中作了介绍,如图 4 - 22 所示。现增加球阀上的其他重要零件图,如:阀芯(见图 5 - 16)、阀杆(见图 5 - 17)、阀盖(见图 5 - 18)、密封圈(见图 5 - 19)、填料压紧套(见图 5 - 20)、扳手(见图 5 - 21)等,介绍画装配图的方法和步骤。其他的零件图不再列出。

　　由零件图拼画装配图应按下列方法和步骤进行:

一、了解部件的装配关系和工作原理

　　对照图 5 - 1 和图 5 - 2 仔细进行分析,可以了解球阀的装配关系和工作原理。球阀的装配关系是:阀体 1 与阀盖 2 上都带有方形凸缘结构,用四个螺栓 6 和螺母 7 可将它们连接在一起,并用调整垫 5 调节阀芯 4 与密封圈 3 之间的松紧。阀体上部阀杆 12 上的凸块与阀芯上的凹槽榫接,为了密封,在阀体与阀杆之间装有填料垫 8、中填料 9 和上填料 10,并旋入填料压紧套 11。球阀的工作原理是：将扳手 13 的方孔套进阀杆 12 上部的四棱柱，当扳手处于如图 5-2 所示的位置时，阀门全部开启，管道畅通；当扳手按顺时针方向旋转 90°时（如图5-2 俯视图双点画线所示位置），则阀门全部关闭，管道断流。从俯视图上的 B—B 局部剖视图，可看到阀体 1 顶部限位凸块的形状（90°扇形），该凸块用来限制扳手 13 旋转的极限位置。

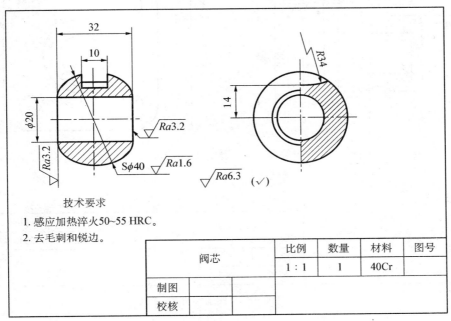

图 5-16 阀芯零件图

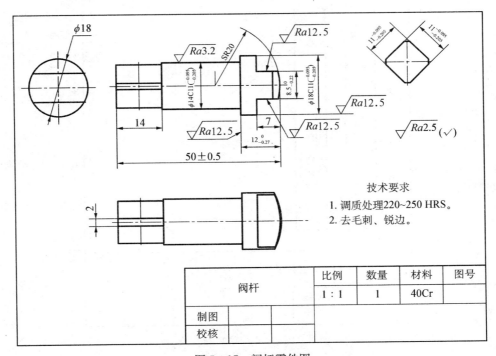

图 5-17 阀杆零件图

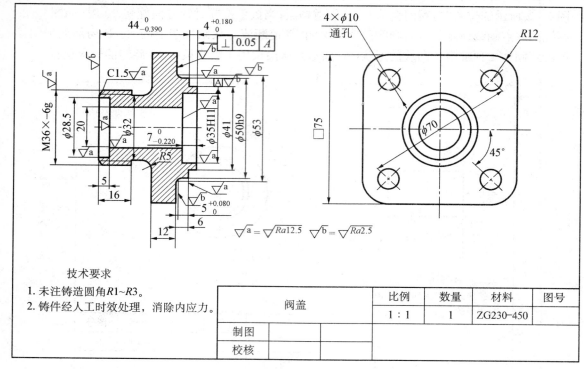

技术要求
1. 未注铸造圆角R1~R3。
2. 铸件经人工时效处理，消除内应力。

阀盖			比例	数量	材料	图号
			1 : 1	1	ZG230-450	
制图						
校核						

图 5-18 阀盖零件图

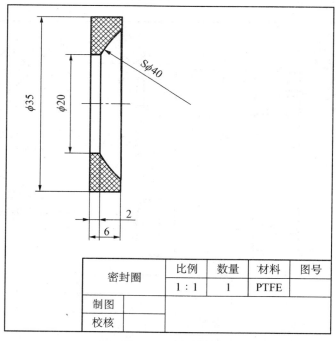

密封圈		比例	数量	材料	图号
		1 : 1	1	PTFE	
制图					
校核					

图 5-19 密封圈

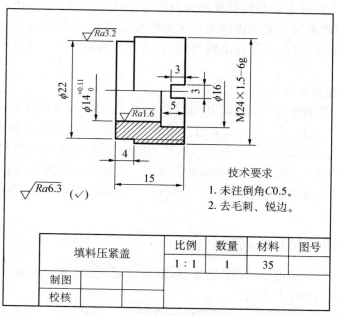

图 5-20　填料压紧套

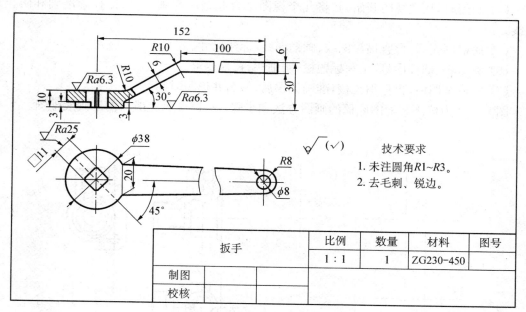

图 5-21　扳手

二、确定表达方案

装配图表达方案的确定,包括选择主视图、其他视图和表达方法。

1. 选择主视图

一般将装配体的工作位置作为主视图的位置,以最能反映装配体装配关系、位置关系、传动路线、工作原理主要结构形状的方向作为主视图投射方向。由于球阀的工作位置变化较多,故将其放置为水平位置作为主视图的投射方向,以反映球阀各零件从左到右和从上向下的位置关系、装配关系和结构形状,并结合其他视图表达球阀的工作原理和传动路线。

2. 选择其他视图和表达方法

主视图不可能把装配体的所有结构形状全部表达清楚,应选择其他视图补充表达尚未表达清楚的内容,并选择合适的表达方法。如图 5-2 所示,用前后的对称的剖切平面剖开球阀,得到全剖的主视图,清楚地表达了各零件间的位置关系、装配关系和工作原理,但球阀的外形形状和其他的一些装配关系并未表达清楚。故选择左视图补充表达外形形状,并以半剖视进一步表达装配关系;选择俯视图并作 B—B 局部剖视,反映扳手与限位凸块的装配关系和工作位置。

三、画装配图的方法和步骤

(1)确定了装配体的视图和表达方案后,根据视图表达方案和装配体的大小,选定图幅和比例,画出标题栏,明细栏框格。

(2)合理布图,画出各视图的主要轴线(装配干线)、对称中心线和作图基准线。

(3)画主要装配干线上的零件,采取由内向外(或由外向内)的顺序逐个画每一零件。

(4)画图时,从主视图开始,并将几个视图结合起来一起画,以保证投影准确和防止缺漏线。

(5)底稿画完后,检查描深图线、画剖面线、标注尺寸。

(6)编写零、部件序号,填写标题栏、明细栏、技术要求。

(7)完成全图后,再仔细校核,准确无误后,签名并填写时间。

图 5-22 为球阀装配图底稿的画图方法和步骤,图 5-2 为完成后的球阀装配图。

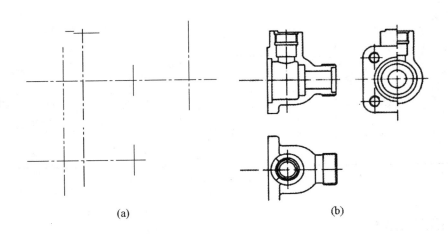

(a)   (b)

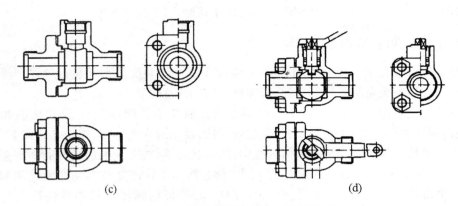

图 5-22 画装配图底稿的方法和步骤

(a) 画出各视图的主要轴线、对称中心线及作图辅助线   (b) 先画轴线上的主要零件(阀体)的轮廓线
(c) 根据阀盖和阀体的相对位置,线画出阀盖的三视图
(d) 沿水平轴线画出各个零件,再沿铅直线画出各沿水平轴个零件,然后画出其他零件,
最后画出扳手的极限位置

第四节 读 装 配 图

在机器的设计、安装、调试、维修及技术交流时,都需要读装配图。不同工作岗位的技术人员,读装配图的目的和内容均不同。有的仅需了解机器或部件的工作原理和用途,以便选用;有的为了维修而必须了解部件中各零件间的装配关系、连接方式、装拆顺序;有时对设备修复、革新改造,要拆画部件中某个零件,需要进一步分析并看懂该零件的结构形状以及有关技术要求等。

读装配图的基本要求是:

(1) 了解部件的工作原理和使用性能。

(2) 弄清各零件在部件中的功能、零件间的装配关系和连接方式。

(3) 读懂部件中主要零件的结构形状。

(4) 了解装配图中标注的尺寸以及技术要求。

下面以球阀为例,介绍读装配图的方法和步骤,如图 5-2 所示为球阀的装配图。

一、概括了解

从标题栏和有关说明书中,了解机器或部件的名称、用途,并从零件明细栏对照图上的零件序号,了解零件和标准件名称、数量和所在位置。对视图进行初步分析,根据图纸上的视图、剖视图、断面图的配置和标注,找出投射方向、剖切位置,了解每个视图的表达重点。

球阀是安装在管路上用于控制和调节流体流量及管路启闭的装置。从明细栏可见,球阀由 13 种零件组成,对应图中的引线和序号可找到它们的位置。主视图采用了全剖视,反映了球阀的主要装配关系,左视图采用了 B—B 半剖视,反映球阀的外形、阀芯上部凹槽的特点以及阀体和阀盖之间连接紧固件的分布情况。俯视图采用了 A—A 局部剖视图,主要表

达了阀杆和扳手的装配特点以及阀体上部与扳手接触面的结构特点。

二、了解装配关系和工作原理

将装配体分成几条装配干线,了解每条装配干线上的装配关系和装拆顺序。深入分析机器或部件的装配关系和工作原理,弄清零件之间的相互位置。

从阀体的主视图中可知,阀体 1 与阀盖 2 成左右关系装配,用 $\phi50$ 圆柱面右侧端面定位,并在该圆柱面形成 $\phi50H9/h9$ 的间隙配合,再通过垫圈 5、螺栓 6、螺母 7 连接在一起,装配面上有调整垫。阀芯 4 安装在阀体内腔中,图示状态下,阀芯上的通孔与阀体阀盖上的孔同轴,此时球阀可以通流,通流孔直径为 $\phi20$。阀芯两侧安装密封圈 3,防止液体渗漏。在阀芯上部凹槽以及阀体上部的圆柱孔内安装阀杆 10,阀杆与阀体上部的圆柱孔之间有一处 $\phi18H11/c11$ 的间隙配合。阀杆上部安装手柄 13。为了保证密封,在阀杆周边顺序装入填料垫 12、填料 11 和填料压盖 9。

从阀体的左视图中可以看到,阀盖和阀体之间的连接件共四组,分布在 $\phi70$ 的圆周上。阀芯上部凹槽的底部是弧面,与之接触的阀杆底部是球面,以减小阀杆旋转时的摩擦。在俯视图中运用了假想画法,表达了扳手的另一极限位置(图中双点画线)。在剖视部分表达了阀杆与扳手利用截面是正方形的型面进行连接。

通过上述分析可见,球阀是利用扳手控制阀杆旋转,从而带动阀芯旋转,实现通流和截流,阀芯的最大旋转角度是 90°。球阀总高度为 123.5,总宽度为 75,不计扳手的长度时总长为 114,扳手端部到回转中心的长度是 160。

三、分析零件

根据零件的编号、投影的轮廓、剖面线的方向、间隔(如同一零件在不同视图中剖面线方向与间隔必须一致)以及某些规定画法(如实心零件不剖)等,来分析零件的投影。了解各零件的结构形状和作用,也可分析其与相关零件的连接关系。对分离出来的零件,可用形体分析法及线面分析法结合其结构仔细分析,逐步读懂。

1. 阀杆

阀杆是一段实心阶梯轴,通过 $\phi18$ 轴段与阀体孔配合。阀杆一端成扁柱状,以装入阀芯上的凹槽中,带动阀芯旋转;阀杆的另一端成四棱柱状,以便与扳手上的方孔装配,被扳手带动旋转。

2. 阀芯

阀芯是一个中部带通孔直径为 $S\phi40$ 的球体,两侧切平。外部开有凹槽,以装入阀杆的扁柱端。凹槽底部是圆弧面。

3. 扳手

扳手由手柄部分和圆柱旋钮部分组成,圆柱旋钮部分中部有方孔,以连接阀杆,带动阀杆旋转。圆柱旋钮部分下部被斜切掉一半,斜切面与扳手手柄部分的前后对称面成 45°,这个结构限制扳手旋转的范围,是两个极限位置。

4. 阀盖

阀盖是一个带有方形凸缘的回转体,左端外表面有 M36 的螺纹,用于与管接头连接。内部有阶梯孔。方形凸缘上有四个通孔,均匀分布在 $\phi70$ 的圆周上。

阀体的分析见——"读零件图"。

四、归纳总结

在以上分析的基础上,对装配体的运动情况、工作原理、装配关系、拆装顺序等进一步研究,加深理解。

上述球阀的剖切轴测图如图 5-1 所示。

第五节　　由装配图拆画零件图

在设计新机器时,经常是先画出装配图,确定主要结构,然后根据装配图来画零件图。根据装配图画零件图的工作称为**拆图**。拆图的过程,也是继续设计的过程。其步骤如下:

一、确定零件的形状

确定零件的形状要注意以下几个方面:

(1) **看懂装配图**,弄清所画零件的基本结构形状、作用和技术要求。这是确定零件的形状的基础。

(2) **根据零件的功能、零件结构知识和装配结构知识来补充完善零件形状**。由于装配图主要表达装配关系。因此对某些零件的形状往往表达不完全,这时就需要补充完善零件形状,某些局部结构甚至要重新设计。

(3) **补充出零件上的工艺结构**。如倒角、退刀槽、圆角、顶尖孔等,在装配图上往往省略不画,在拆画零件图时均应加上。

二、根据零件的形状和作用选择表达方案

装配图上的视图选择方案主要从表达装配关系和整个部件情况来考虑。因此,在考虑零件的视图选择时不应简单照抄,而应从零件的总体形状出发重新考虑。

三、确定零件的尺寸

装配图上对零件的尺寸标注不完全,所以拆画零件图时,要确定零件的所有尺寸。在确定零件的尺寸时要注意以下几个方面:

(1) 已在装配图上标注出的零件的尺寸是设计和装配有关的尺寸,要全部应用到零件图上。

(2) 除零件上的工艺结构和标准结构尺寸外,装配图上没有的尺寸,可从装配图上按比例大小直接量取、计算或根据实际自行确定,但要注意圆整。

(3) 零件上的工艺结构和标准结构的尺寸应查阅有关标准后确定。如齿轮的分度圆尺寸,螺孔尺寸等。

四、根据前面选定的表达方案和确定的尺寸画图

按照画零件图的方法步骤绘图。

五、标注尺寸

按照零件图标注尺寸的方法和要求标注尺寸。

六、注写技术要求

零件的哪些表面是加工面,其表面的粗糙度值的大小,尺寸公差等级,有无形位公差要求和质量要求等,应由该零件与其他零件的装配关系来判断,必要时要结合自己掌握的结构和工艺方面的知识、经验或参考同类产品的图纸资料加以确定。然后把技术要求注写在零件图上。

七、校核图纸,填写标题栏

仔细检查图形、尺寸、技术要求有无错误,确认无误后填写标题栏,完成全图。

附　　录

附录A　螺　　纹

表 A-1　普通螺纹直径与螺距(摘自 GB/T 196-197—2003)　　　　(单位:mm)

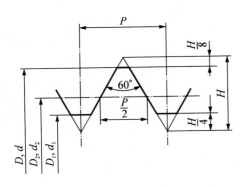

D——内螺纹的基本大径(公称直径)

d——外螺纹的基本大径(公称直径)

D_2——内螺纹的基本中径

d_2——外螺纹的基本中径

D_1——内螺纹的基本小径

d_1——外螺纹的基本小径

P——螺距

H——$\dfrac{\sqrt{3}}{2}P$

标注示例

M24(公称直径为 24 mm、螺距为 3 mm 的粗牙右旋普通螺纹)

M24×1.5-LH(公称直径为 24 mm、螺距为 1.5 mm 的细牙左旋普通螺纹)

公称直径 D、d		螺距 P		粗牙中径 D_2、d_2	粗牙小径 D_1、d_1
第一系列	第二系列	粗牙	细牙		
3		0.5	0.35	2.675	2.459
	3.5	(0.6)		3.110	2.850
4		0.7	0.5	3.545	3.242
	4.5	(0.75)		4.013	3.688
5		0.8		4.480	4.134
6		1	0.75(0.5)	5.350	4.917
8		1.25	1, 0.75, (0.5)	7.188	6.647
10		1.5	1.25, 1, 0.75, (0.5)	9.026	8.376
12		1.75	1.5, 1.25, 1, 0.75, (0.5)	10.863	10.106
	14	2	1.5, (1.25), 1, (0.75), (0.5)	12.701	11.835
16		2	1.5, 1, (0.75), (0.5)	14.701	13.835
	18	2.5	1.5, 1, (0.75), (0.5)	16.376	15.294
20		2.5		18.376	17.294
	22	2.5	2, 1.5, 1, (0.75), (0.5)	20.376	19.294
24		3	2, 1.5, 1, (0.75)	22.051	20.752
	27	3	2, 1.5, 1, (0.75)	25.051	23.752
30		3.5	(3), 2, 1.5, 1, (0.75)	27.727	26.211

注:① 优先选用第一系列,括号内尺寸尽可能不用,第三系列未列入。

　② M14×1.25 仅用于火花塞。

表 A‑2　梯形螺纹(摘自 GB/T 5796.1~5796.4—1986)　　　　　　　(单位:mm)

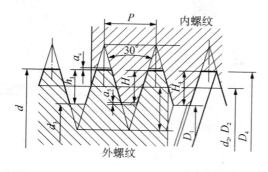

d——外螺纹大径(公称直径)
d_3——外螺纹小径
D_4——内螺纹大径
D_1——内螺纹小径
d_2——外螺纹中径
D_2——内螺纹中径
P——螺距
a_e——牙顶间隙
$h_3 = H_4 + H_1 + a_e$

标记示例:

Tr40×7‑7H(单线梯形内螺纹、公称直径 $d = 40$、螺距 $P = 7$、右旋、中径公差带为 7H、中等旋合长度)
Tr60×18(P9)LH‑8e‑L(双线梯形外螺纹、公称直径 $d = 60$、导程 $ph = 18$、螺距 $P = 9$、左旋、中径公差带为 8e、长旋合长度)

梯形螺纹的基本尺寸

d 公称系列		螺距 P	中径 $d_2 = D_2$	大径 D_4	小径		d 公称系列		螺距 P	中径 $d_2 = D_2$	大径 D_4	小径	
第一系列	第二系列				d_3	D_1	第一系列	第二系列				d_3	D_1
8	—	1.5	7.25	8.3	6.2	6.5	32	—		29.0	33	25	26
—	9		8.0	9.5	6.5	7	—	34	6	31.0	35	27	28
10	—	2	9.0	10.5	7.5	8	36	—		33.0	37	29	30
—	11		10.0	11.5	8.5	9	—	38		34.5	39	30	31
12	—		10.5	12.5	8.5	9	40	—		36.5	41	32	33
—	14	3	12.5	14.5	10.5	11	—	42	7	38.5	43	34	35
16	—		14.0	16.5	11.5	12	44	—		40.5	45	36	37
—	18	4	16.0	18.5	13.5	14	—	46		42.0	47	37	38
20	—		18.0	20.5	15.5	16	48	—		44.0	49	39	40
—	22		19.5	22.5	16.5	17	—	50	8	46.0	51	41	42
24	—		21.5	24.5	18.5	19	52	—		48.0	53	43	44
—	26	5	23.5	26.5	20.5	21	—	55		50.5	56	45	46
28	—		25.5	28.5	22.5	23	60	—	9	55.5	61	50	51
—	30	6	27.0	31.0	23.0	24	—	65	10	60.0	66	54	55

注:① 优先选用第一系列的直径。
　　② 表中所列的螺距和直径,是优先选择的螺距及与之对应的直径。

表 A-3　55°密封管螺纹

第 1 部分　圆柱内螺纹与圆锥外螺纹(摘自 GB/T 7306.1—2000)
第 2 部分　圆锥内螺纹与圆锥外螺纹(摘自 GB/T 7306.2—2000)

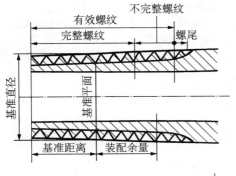

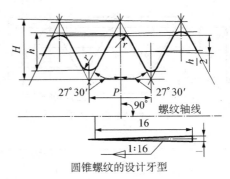

圆锥螺纹的设计牙型

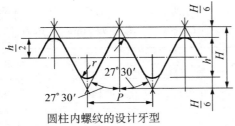

圆柱内螺纹的设计牙型

标注示例:
GB/T 7306.1—2000
$R_p3/4$(尺寸代号 3/4,右旋,圆柱内螺纹)
R_13(尺寸代号 3,右旋,圆锥外螺纹)
$R_p3/4LH$(尺寸代号 3/4,左旋,圆柱内螺纹)
R_p/R_13(右旋圆锥螺纹、圆柱内螺纹螺纹副)

GB/T 7306.2—2000
$R_c3/4$(尺寸代号 3/4,右旋,圆锥内螺纹)　　　　　R_23(尺寸代号 3,右旋,圆锥内螺纹)
$R_c3/4LH$(尺寸代号 3/4,左旋,圆锥内螺纹)　　　R_2/R_23(右旋圆锥内螺纹、圆锥外螺纹螺纹副)

尺寸代号	每 25.4 mm 内所含的牙数 n	螺距 P /mm	牙高 h /mm	基准平面内的基本直径			基准距离(基本) /mm	外螺纹的有效螺纹不小于/mm
				大径(基准直径) $d=D$/mm	中径 $d_2=D_2$ /mm	小径 $d_1=D_1$ /mm		
1/16	28	0.907	0.581	7.723	7.142	6.561	4	6.5
1/8	28	0.907	0.581	9.728	9.147	8.566	4	6.5
1/4	19	1.337	0.856	13.157	12.301	11.445	6	9.7
3/8	19	1.337	0.856	16.662	15.806	14.950	6.4	10.1
1/2	14	1.814	1.162	20.955	19.793	18.631	8.2	13.2
3/4	14	1.814	1.162	26.441	25.279	24.117	9.5	14.5
1	11	2.309	1.479	33.249	31.770	30.291	10.4	16.8
1 1/14	11	2.309	1.479	41.910	40.431	38.952	12.7	19.1
1 1/12	11	2.309	1.479	47.803	46.324	44.845	12.7	19.1
2	11	2.309	1.479	59.614	58.135	56.656	15.9	23.4
2 1/2	11	2.309	1.479	75.184	73.705	72.226	17.5	26.7
3	11	2.309	1.479	87.884	86.405	84.926	20.6	29.8
4	11	2.309	1.479	113.030	111.551	110.072	25.4	35.8
5	11	2.309	1.479	138.430	136.951	135.472	28.6	40.1
6	11	2.309	1.479	163.830	162.351	160.872	28.6	40.1

表 A‑4　55°非密封管螺纹(摘自 GB/T 7307—2001)

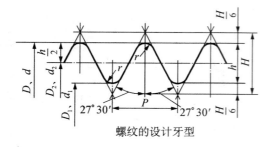

螺纹的设计牙型

标注示例：
G2(尺寸代号2,右旋,圆柱内螺纹)
G3A(尺寸代号3,右旋,A级圆柱外螺纹)
G2‑LH(尺寸代号2,左旋,圆柱外螺纹)
G4B‑LH(尺寸代号4,左旋,B级圆柱外螺纹)
注：$r = 0.137\,329P$
　　$P = 25.4/n$
　　$H = 0.960\,401P$

尺寸代号	每25.4 mm内所含的牙数 n	螺距 P/mm	牙高 h/mm	基本直径		
				大径 $d = D$/mm	中径 $d_2 = D_2$/mm	小径 $d_1 = D_1$/mm
1/16	28	0.907	0.581	7.723	7.142	6.561
1/8	28	0.907	0.581	9.728	9.147	8.566
1/4	19	1.337	0.856	13.157	12.301	11.445
3/8	19	1.337	0.856	16.662	15.806	14.950
1/2	14	1.814	1.162	20.955	19.793	18.631
3/4	14	1.814	1.162	26.441	25.279	24.117
1	11	2.309	1.479	33.249	31.770	30.291
1 1/4	11	2.309	1.479	41.910	40.431	38.952
1 1/2	11	2.309	1.479	47.803	46.324	44.845
2	11	2.309	1.479	59.614	58.135	56.656
2 1/2	11	2.309	1.479	75.184	73.705	72.226
3	11	2.309	1.479	87.884	86.405	84.926
4	11	2.309	1.479	113.030	111.551	110.072
5	11	2.309	1.479	138.430	136.951	135.472
6	11	2.309	1.479	163.830	162.351	160.872

附录B　常用标准件

表 B-1　六角头螺栓(一)　　　　　　　　　　　　(单位:mm)

六角头螺栓—A 和 B 级(摘自 GB/T 5782—2000)
六角头螺栓—细牙—A 和 B 级(摘自 GB/T 5785—2000)

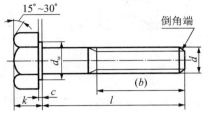 

标记示例:
螺栓 GB/T 5782　M12×100
(螺纹规格 d＝M12、公称长度 l＝100、性能等级为 8.8 级、表面氧化、杆身半螺纹、A 级的六角头螺栓)

六角头螺栓—全螺纹—A 和 B 级(摘自 GB/T 5783—2000)
六角头螺栓—细牙—全螺纹—A 和 B 级(摘自 GB/T 5786—2000)

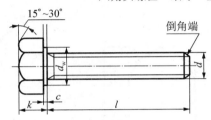

标记示例:
螺栓 GB/T 5786　M30×2×80
(螺纹规格 d＝M30×2、公称长度 l＝80、性能等级为 8.8 级、表面氧化、全螺纹、B 级的细牙六角头螺栓)

螺纹规格	d	M4	M5	M6	M8	M10	M12	M16	M20	M24	M30	M36	M42	M48
	$D×P$	—	—	—	M8×1	M10×1	M12×1.5	M16×1.5	M20×2	M24×2	M30×2	M36×3	M42×3	M48×3
b参考	$l≤125$	14	16	18	22	26	30	38	46	54	66	78	—	—
	$125<l≤200$				28	32	36	44	52	60	72	84	96	108
	$l>200$							57	65	73	85	97	109	121
c_{max}		0.4	0.5	0.5	0.6	0.6	0.6	0.6	0.8	0.8	0.8	0.8	1	1
k公称		2.8	3.5	4	5.3	6.4	7.5	10	12.5	15	18.7	22.5	26	30
s_{max}＝公称		7	8	10	13	16	18	24	30	36	46	55	65	75
e_{min}	A	7.66	8.79	11.05	14.38	17.77	20.03	26.75	33.53	39.98	—	—	—	—
	B	—	8.63	10.89	14.2	17.59	19.85	26.17	32.95	39.55	50.85	60.79	72.02	82.6
d_{wmin}	A	5.9	6.9	8.9	11.6	14.6	16.6	22.5	28.2	33.6	—	—	—	—
	B	—	6.7	8.7	11.4	14.4	16.6	22	27.7	33.2	42.7	51.1	60.6	69.4
l范围	GB 5782	25~40	25~50	30~60	35~80	40~100	45~120	55~160	65~200	80~240	90~300	110~360	130~400	140~400
	GB 5785											110~300		
	GB 5783	8~40	10~50	12~60	16~80	20~100	25~100	35~100	40~100	40~100	40~100	40~100	80~500	100~500
	GB 5786	—	—	—	16~80	20~100	25~120	35~160	40~200	40~200	40~200	40~200	90~400	100~500
l系列	GB 5782 GB 5785	20~65(5 进位)、70~160(10 进位)、180~400(20 进位)												
	GB 5783 GB 5786	6、8、10、12、16、18、20~65(5 进位)、70~160(10 进位)、180~500(20 进位)												

注:①　P——螺距。末端按 GB/T 2—2000 规定。
　　②　螺纹公差:6g;机械性能等级:8.8。
　　③　产品等级:A 级用于 $d≤24$ 和 $l≤10d$ 或 $≤150$ mm(按较小值);
　　　　B 级用于 $d>24$ 和 $l>10d$ 或 >150 mm(按较小值)。

表 B-2　六角头螺栓(二)　　　　　　　　　　　　　　　　　(单位:mm)

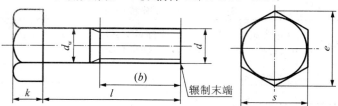

六角头螺栓—C级(摘自 GB/T 5780—2000)

标记示例:

螺栓 GB/T 5780　M20×100

(螺纹规格 d = M20、公称长度 l = 100、性能等级为 4.8 级、不经表面处理、杆身半螺纹、C 级的六角头螺栓)

六角头螺栓—全螺纹—C级(摘自 GB/T 5781—2000)

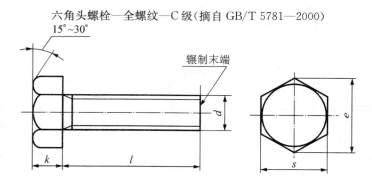

标记示例:

螺栓 GB/T 5781　M12×80

(螺纹规格 d = M12、公称长度 l = 80、性能等级为 4.8 级、不经表面处理、全螺纹、C 级的六角头螺栓)

螺纹规格 d		M5	M6	M8	M10	M12	M16	M20	M24	M30	M36	M42	M48
$b_{参考}$	$l \leqslant 125$	16	18	22	26	30	38	40	54	66	78	—	—
	$125 < l \leqslant 1\,200$	—	—	28	32	36	44	52	60	72	84	96	108
	$l > 200$						57	65	73	85	97	109	121
$k_{公称}$		3.5	4.0	5.3	6.4	7.5	10	12.5	15	18.7	22.5	26	30
s_{max}		8	10	13	16	18	24	30	36	46	55	65	75
e_{max}		8.63	10.9	14.2	17.6	19.9	26.2	33.0	39.6	50.9	60.8	72.0	82.6
$d_{w\,max}$		5.48	6.48	8.58	10.6	12.7	16.7	20.8	24.8	30.8	37.0	45.0	49.0
$l_{范围}$	GB/T 5780 —2000	25~ 50	30~ 60	35~ 80	40~ 100	45~ 120	55~ 160	65~ 200	80~ 240	90~ 300	110~ 300	160~ 420	180~ 480
	GB/T 5781 —2000	10~ 40	12~ 50	16~ 65	20~ 80	25~ 100	35~ 100	40~ 100	50~ 100	60~ 100	70~ 100	80~ 420	90~ 480
$l_{系列}$		10、12、16、20~50(5 进位)、(55)、60、(65)、70~160(10 进位)、180、220~500(20 进位)											

注:①括号内的规格尽可能不用。末端按 GB/T 2—2000 规定。

　　②螺纹公差:8 g(GB/T 5780—2000);6 g(GB/T 5781—2000);机械性能等级:4.6、4.8;产品等级:C。

表 B-3　Ⅰ型六角螺母　　　　　　　　　　　　　　（单位:mm）

Ⅰ型六角螺母—A 和 B 级(摘自 GB/T 6170—2000)
Ⅰ型六角头螺母—细牙—A 和 B 级(摘自 GB/T 6171—2000)
Ⅰ型六角螺母—C 级(摘自 GB/T 41—2000)

允许制造的形式

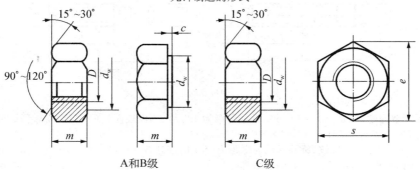

A 和 B 级　　　　　　C 级

标记示例:
螺母 GB/T 41　M12
(螺纹规格 D = M12、性能等级为 5 级、不经表面处理、C 级的Ⅰ型六角螺母)
螺母 GB/T 6171　M24×2
(螺纹规格 D = M24、螺距 P = 2、性能等级为 10 级、不经表面处理、B 级的Ⅰ型细牙六角螺母)

螺纹规格	D	M4	M5	M6	M8	M10	M12	M16	M20	M24	M30	M36	M42	M48
	$D \times P$	—	—	—	M8×1	M10×1	M12×1.5	M16×1.5	M20×2	M24×2	M30×2	M36×3	M42×3	M48×3
c		0.4	0.5			0.6			0.8			1		
s_{max}		7	8	10	13	16	18	24	30	36	46	55	65	75
e_{min}	A、B 级	7.66	8.79	11.05	14.38	17.77	20.03	26.75	32.95	39.95	50.85	60.79	72.02	82.6
	C 级	—	8.63	10.89	14.2	17.59	19.85	26.17						
m_{max}	A、B 级	3.2	4.7	5.2	6.8	8.4	10.8	14.8	18	21.5	25.6	31	34	38
	C 级	—	5.6	6.1	7.9	9.5	12.2	15.9	18.7	22.3	26.4	31.5	34.9	38.9
$d_{w\,min}$	A、B 级	5.9	6.9	8.9	11.6	14.6	16.6	22.5	27.7	33.2	42.7	51.1	60.6	69.4
	C 级	—	6.9	8.7	11.5	14.5	16.5	22						

注:① P——螺距。
② A 级用于 D≤16 的螺母;B 级用于 D>16 的螺母;C 级用于 D≥5 的螺母。
③ 螺纹公差:A、B 级为 6H,C 级为 7H;机械性能等级:A、B 级为 6、8、10 级,C 级为 4、5 级。

表 B-4 双头螺柱(摘自 GB/T 897-900—1988) （单位：mm)

$b_{m} = 1d$ (GB/T 897—1988)；　　$b_{m} = 1.25d$ (GB/T 898—1988)；　　$b_{m} = 1.5d$ (GB/T 899—1988)；
$b_{m} = 2d$ (GB/T 900—1988)

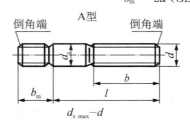
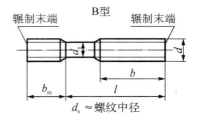

标记示例：

螺柱 GB/T 900—1988　M10×50

(两端均为粗牙普通螺纹、$d = 10$、$l = 50$、性能等级为 4.8 级、不经表面处理、B 型、$b_{m} = 2d$ 的双头螺柱)

螺柱 GB/T 900—1988　AM10-10×1×50

(旋入机体一端为粗牙普通螺纹、旋螺母端为螺距 $P = 1$ 的细牙普通螺纹、$d = 10$、$l = 50$、性能等级为 4.8 级、不经表面处理、A 型、$b_{m} = 2d$ 的双头螺柱)

螺纹规格 d	b_{m}(旋入机体端长度)				l/b(螺柱长度/旋螺母端长度)				
	GB/T 897	GB/T 898	GB/T 899	GB/T 900					
M4	—	—	6	8	$\frac{16\sim22}{8}$	$\frac{25\sim40}{14}$			
M5	5	6	8	10	$\frac{16\sim22}{10}$	$\frac{25\sim50}{16}$			
M6	6	8	10	12	$\frac{20\sim22}{10}$	$\frac{25\sim30}{14}$	$\frac{32\sim75}{18}$		
M8	8	10	12	16	$\frac{20\sim22}{12}$	$\frac{25\sim30}{16}$	$\frac{32\sim90}{22}$		
M10	10	12	15	20	$\frac{25\sim28}{14}$	$\frac{30\sim38}{16}$	$\frac{40\sim120}{26}$	$\frac{130}{32}$	
M12	12	15	18	24	$\frac{25\sim30}{14}$	$\frac{32\sim40}{16}$	$\frac{45\sim120}{26}$	$\frac{130\sim180}{32}$	
M16	16	20	24	32	$\frac{30\sim38}{16}$	$\frac{40\sim55}{20}$	$\frac{60\sim120}{30}$	$\frac{130\sim200}{36}$	
M20	20	25	30	40	$\frac{35\sim40}{20}$	$\frac{45\sim65}{30}$	$\frac{70\sim120}{38}$	$\frac{130\sim200}{44}$	
(M24)	24	30	36	48	$\frac{45\sim50}{25}$	$\frac{55\sim75}{35}$	$\frac{80\sim120}{46}$	$\frac{130\sim200}{52}$	
(M30)	30	38	45	60	$\frac{60\sim65}{40}$	$\frac{70\sim90}{50}$	$\frac{95\sim120}{66}$	$\frac{130\sim200}{72}$	$\frac{210\sim250}{85}$
M36	36	45	54	72	$\frac{65\sim75}{45}$	$\frac{80\sim110}{60}$	$\frac{120}{78}$	$\frac{130\sim200}{84}$	$\frac{210\sim300}{97}$
M42	42	52	63	84	$\frac{70\sim80}{50}$	$\frac{85\sim110}{70}$	$\frac{120}{90}$	$\frac{130\sim200}{96}$	$\frac{210\sim300}{109}$
M48	48	60	72	96	$\frac{80\sim90}{60}$	$\frac{95\sim110}{80}$	$\frac{120}{102}$	$\frac{130\sim200}{108}$	$\frac{210\sim300}{121}$
$l_{系列}$	12、(14)、16、(18)、20、(22)、25、(28)、30、(32)、35、(38)、40、45、50、55、60、(65)、70、75、80、(85)、90、(95)、100—260(10 进位)、280、300								

注：① 尽可能不采用括号内的规格。末端按 GB/T 2—2000 规定。

② $b_{m} = 1d$，一般用于钢对钢；$b_{m} = (1.25-1.5)d$，一般用于钢对铸铁；$b_{m} = 2d$，一般用于钢对铝合金。

表 B-5　螺钉（一）　　　　　　　　　　　　　　　　　　　　（单位：mm）

开槽盘头螺钉
（摘自 GB/T 67—2000）

开槽沉头螺钉
（摘自 GB/T 68—2000）

开槽半沉头螺钉
（摘自 GB/T 69—2000）

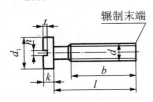
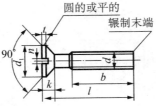
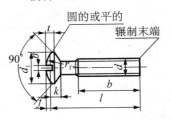

（无螺纹部分杆径≈中径或＝螺纹大径）

标记示例：

螺钉 GB/T 67　M5×60

（螺纹规格 d = M5、l = 60、性能等级为 4.8 级、不经表面处理的开槽盘头螺钉）

螺纹规格 d	P	b_{min}	n 公称	f GB/T 69	r_f GB/T 69	k_{max} GB/T 67	k_{max} GB/T 68 GB/T 69	d_{1max} GB/T 67	d_{1max} GB/T 68 GB/T 69	t_{min} GB/T 67	t_{min} GB/T 68	t_{min} GB/T 69	l 范围 GB/T 67	l 范围 GB/T 68 GB/T 69	全螺纹时最大长度 GB/T 67	全螺纹时最大长度 GB/T 68 GB/T 69
M2	0.4	25	0.5	4	0.5	1.3	1.2	4	3.8	0.5	0.4	0.8	2.5~20	3~20	30	30
M3	0.5	25	0.8	6	0.7	1.8	1.65	5.6	5.5	0.7	0.6	1.2	4~30	5~30	30	30
M4	0.7	38	1.2	9.5	1	2.4	2.7	8	8.4	1	1	1.6	5~40	6~40	40	45
M5	0.8	38	1.2	9.5	1.2	3	2.7	9.5	9.3	1.2	1.1	2	6~50	8~50	40	45
M6	1	38	1.6	12	1.4	3.6	3.3	12	12	1.4	1.2	2.4	8~60	8~60	40	45
M8	1.25	38	2	16.5	2	4.8	4.65	16	16	1.9	1.8	3.2	10~80	10~80	40	45
M10	1.5	38	2.5	19.5	2.3	6	5	20	20	2.4	2	3.8	10~80	10~80	40	45

l 系列：2、2.5、3、4、5、6、8、10、12、(14)、16、20~50(5 进位)、(55)、60、(65)、70、(75)、80

注：螺纹公差：6 g；机械性能等级：4.8、5.8；产品等级：A。

表 B-6 螺钉(二) (单位:mm)

开槽锥端紧定螺钉
(摘自 GB/T 71—2000)

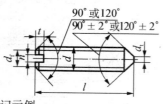

开槽平端紧定螺钉
(摘自 GB/T 73—2000)

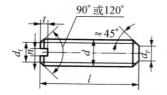

开槽长圆柱端紧定螺钉
(摘自 GB/T 75—2000)

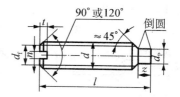

标记示例:

螺钉 GB/T 71　M5×20

(螺纹规格 d = M5、公称长度 l = 20、性能等级为 14H 级、表面氧化的开槽锥端紧定螺钉)

螺纹规格 d	P	d_f	d_{max}	$d_{p\,max}$	$n_{公称}$	t_{max}	z_{max}	$l_{范围}$		
								GB 71	GB 73	GB 75
M2	0.4	螺纹小径	0.2	1	0.25	0.84	1.25	3~10	2~10	3~10
M3	0.5		0.3	2	0.4	1.05	1.75	4~16	3~16	5~16
M4	0.7		0.4	2.5	0.6	1.42	2.25	6~20	4~20	6~20
M5	0.8		0.5	3.5	0.8	1.63	2.75	8~25	5~25	8~25
M6	1		1.5	4	1	2	3.25	8~30	6~30	8~30
M8	1.25		2	5.5	1.2	2.5	4.3	10~40	8~40	10~40
M10	1.5		2.5	7	1.6	3	5.3	12~50	10~50	12~50
M12	1.75		3	8.5	2	3.6	6.3	14~60	12~60	14~60
$l_{系列}$	2、2.5、3、4、5、6、8、10、12、(14)、16、20、25、30、35、40、45、50、(55)、60									

注:螺纹公差:6 g;机械性能等级:14H、22H;产品等级:A。

表 B‑7　内六角圆柱头螺钉(摘自 GB/T 70.1—2000)　　　　　(单位:mm)

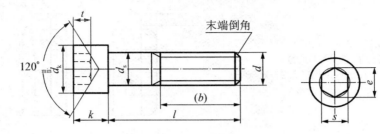

标记示例:

螺钉 GB/T 70.1　M5×20

(螺纹规格 d = M5、公称长度 l = 20、性能等级为 8.8 级、表面氧化的内六角圆柱头螺钉)

螺纹规格 d		M4	M5	M6	M8	M10	M12	(M14)	M16	M20	M24	M30	M36
螺距 P		0.7	0.8	1	1.25	1.5	1.75	2	2	2.5	3	3.5	4
$b_{参考}$		20	22	24	28	32	36	40	44	52	60	72	84
$d_{k\,max}$	光滑头部	7	8.5	10	13	16	18	21	24	30	36	45	54
	滚花头部	7.22	8.72	10.22	13.27	16.27	18.27	21.33	24.33	30.33	36.39	45.39	54.46
k_{max}		4	5	6	8	10	12	14	16	20	24	30	36
t_{min}		2	2.5	3	4	5	6	7	8	10	12	15.5	19
$S_{公称}$		3	4	5	6	8	10	12	14	17	19	22	27
e_{min}		3.44	4.58	5.72	6.86	9.15	11.43	13.72	16	19.44	21.73	25.15	30.35
$d_{s\,max}$		4	5	6	8	10	12	14	16	20	24	30	36
$l_{范围}$		6~40	8~50	10~60	12~80	16~100	20~120	25~140	25~160	30~200	40~200	45~200	55~200
全螺纹时最大长度		25	25	30	35	40	45	55	55	65	80	90	100
$l_{系列}$		6、8、10、12、(14)、(16)、20~50(5 进位)、(55)、60、(65)、70~160(10 进位)、180、200											

注:① 括号内的规格尽可能不用。末端按 GB/T 2—2000 规定。
　② 机械性能等级:8.8、12.9。
　③ 螺纹公差:机械性能等级 8.8 级时为 6 g,12.9 级时为 5 g、6 g。
　④ 产品等级:A。

表 B-8　垫圈　　　　　　　　　　　　　　　　　　　　　　　　　　　（单位:mm）

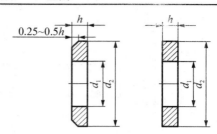

小垫圈—A 级(GB/T 848—2002)
平垫圈—A 级(GB/T 97.1—2000)
平垫圈—倒角型—A 级(GB/T 97.2—2000)

标记示例:
垫圈 GB/T 97.1
(标准系列、规格 8、性能等级为 140HV 级、不经表面处理的平垫圈)

公称尺寸 (螺纹规格 d)		1.6	2	2.5	3	4	5	6	8	10	12	14	16	20	24	30	36
d_1	GB/T 848	1.7	2.2	2.7	3.2	4.3	5.3	6.4	8.4	10.5	13	15	17	21	25	31	37
	GB/T 97.1																
	GB/T 97.2	—	—	—	—	—											
d_2	GB/T 848	3.5	4.5	5	6	8	9	11	15	18	20	24	28	34	39	50	60
	GB/T 97.1	4	5	6	7	9	10	12	16	20	24	28	30	37	44	56	66
	GB/T 97.2	—	—	—	—	—	10	12	16	20	24	28	30	37	44	56	66
h	GB/T 848	0.3	0.3	0.5	0.5	0.5	1	1.6	1.6	1.6	2	2.5	2.5	3	4	4	5
	GB/T 97.1																
	GB/T 97.2	—	—	—	—	—											

表 B-9　标准型弹簧垫圈(摘自 GB/T 93—1987)　　　　　　　　　　　（单位:mm）

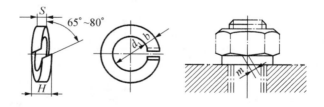

标记示例:
垫圈 GB/T 93　10
(规格 10、材料为 65Mn、表面氧化的标准型弹簧垫圈)

规格 (螺纹大径)	4	5	6	8	10	12	16	20	24	30	36	42	48
$d_{1\ min}$	4.1	5.1	6.1	8.1	10.2	12.2	16.2	20.2	24.5	30.5	36.5	42.5	48.5
$S = b_{公称}$	1.1	1.3	1.6	2.1	2.6	3.1	4.1	5	6	7.5	9	10.5	12
$m \leqslant$	0.55	0.65	0.8	1.05	1.3	1.55	2.05	2.5	3	3.75	4.5	5.25	6
H_{max}	2.75	3.25	4	5.25	6.5	7.75	10.25	12.5	15	18.75	22.5	26.25	30

注: m 应大于零。

表 B‑10　圆柱销(摘自 GB/T 119.1—2000)　　　　　　　　　　（单位：mm）

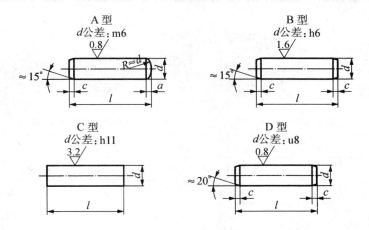

标记示例：

销 GB/T 119.1　6 m6×30

（公称直径 $d=6$、公差为 m6、公称长度 $l=30$、材料为钢、不经表面处理的圆柱销）

销 GB/T 119.1　6 m6×30—A1

（公称直径 $d=6$、公差为 m6、公称长度 $l=30$、材料为 A1 组奥氏体不锈钢、表面简单处理的圆柱销）

d(公称) m6/h8	2	3	4	5	6	8	10	12	16	20	25
$a\approx$	0.25	0.40	0.50	0.63	0.80	1.0	1.2	1.6	2.0	2.5	3.0
$c\approx$	0.35	0.5	0.63	0.8	1.2	1.6	2	2.5	3	3.5	4
$l_{范围}$	6～20	8～30	8～40	10～50	12～60	14～80	18～95	22～140	26～180	35～200	50～200
$l_{系列}$ （公称）	2、3、4、5、6～32(2 进位)、35～100(5 进位)、120～≥200(按 20 递增)										

表 B‑11　圆锥销(摘自 GB/T 117—2000)　　　　　　　　　　（单位：mm）

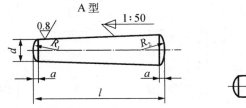 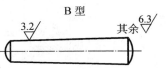

$R_1\approx d$

$R_2\approx d+\dfrac{l-2a}{50}$

标记示例：

销 GB/T 117　10×60

（公称直径 $d=10$、长度 $l=60$、材料为 35 钢、热处理硬度 28～38HRC、表面氧化处理的 A 型圆锥销）

$d_{公称}$	2	2.5	3	4	5	6	8	10	12	16	20	25
$a\approx$	0.25	0.3	0.4	0.5	0.63	0.8	1.0	1.2	1.6	2.0	2.5	3.0
$l_{范围}$	10～35	10～35	12～45	14～55	18～60	22～90	22～120	26～160	32～180	40～200	45～200	50～200
$l_{系列}$	2、3、4、5、6～32(2 进位)、35～100(5 进位)、120～200(20 进位)											

表 B-12 普通平键键槽的尺寸及公差(摘自 GB/T 1095—2003)　　　　　　(单位:mm)

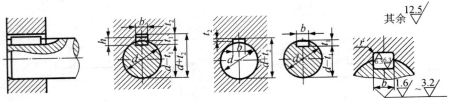

注:在工作图中,轴槽深用 t_1 或 $(d-t_1)$ 标注,轮毂槽深用 $(d+t_2)$ 标注。

轴的直径 d	键尺寸 $b×h$	键槽 宽度 b 基本尺寸	正常连接 轴N9	正常连接 毂JS9	紧密连接 轴和毂P9	松连接 轴H9	松连接 毂D10	深度 轴 t_1 基本尺寸	轴 t_1 极限偏差	毂 t_2 基本尺寸	毂 t_2 极限偏差	半径 r min	半径 r max
自6~8	2×2	2	−0.004 −0.029	±0.012 5	−0.006 −0.031	+0.025 0	+0.060 +0.020	1.2	+0.1 0	1	+0.1 0	0.08	0.16
>8~10	3×3	3						1.8		1.4			
>10~12	4×4	4	0 −0.030	±0.015	−0.012 −0.042	+0.030 0	+0.078 +0.030	2.5		1.8			
>12~17	5×5	5						3.0		2.3			
>17~22	6×6	6						3.5		2.8		0.16	0.25
>22~30	8×7	8	0 −0.036	±0.018	−0.015 −0.051	+0.036 0	+0.098 +0.040	4.0		3.3			
>30~38	10×8	10						5.0		3.3			
>38~44	12×8	12	0 −0.043	±0.026	+0.018 −0.061	+0.043 0	+0.120 +0.050	5.0	+0.2 0	3.3	+0.2 0		
>44~50	14×9	14						5.5		3.8		0.25	0.40
>50~58	16×10	16						6.0		4.3			
>58~65	18×11	18						7.0		4.4			
>65~75	20×12	20	0 −0.052	±0.031	+0.022 −0.074	+0.052 0	+0.149 +0.065	7.5		4.9			
>75~85	22×14	22						9.0		5.4		0.40	0.60
>85~95	25×14	25						9.0		5.4			
>95~110	28×16	28						10.0		6.4			
>110~130	32×18	32						11.0		7.4			
>130~150	36×20	36	0 −0.062	±0.037	−0.026 −0.088	+0.062 0	+0.180 +0.080	12.0	+0.3 0	8.4	+0.3 0		
>150~170	40×22	40						13.0		9.4		0.70	1.0
>170~200	45×25	45						15.0		10.4			

注：$(d-t_1)$ 和 $(d+t_2)$ 两组组合尺寸的极限偏差按相应的 t_1 和 t_2 的极限偏差选取,但 $(d-t_1)$ 极限偏差应取负号(一)。

表 B-13　普通平键的尺寸与公差(摘自 GB/T 1096—2003)　　(单位:mm)

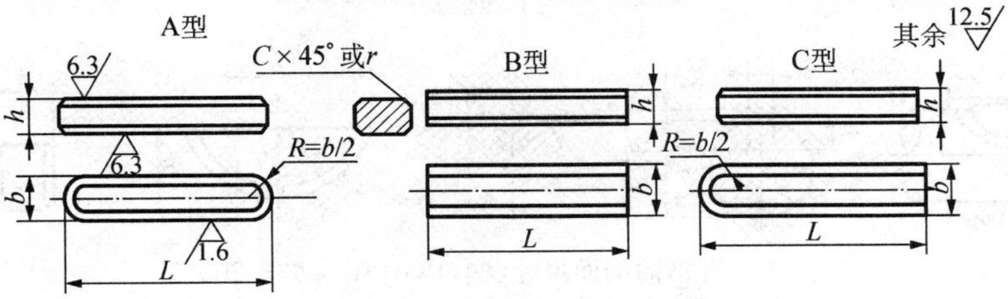

标记示例:

圆头普通平键(A 型)、$b=18$ mm、$h=11$ mm、$L=100$ mm; GB/T 1096—2003 键　18×11×100

平头普通平键(B 型)、$b=18$ mm、$h=11$ mm、$L=100$ mm; GB/T 1096—2003 键 B　18×11×100

单圆头普通平键(C 型)、$b=18$ mm、$h=11$ mm、$L=100$ mm; GB/T 1096—2003 键 C　18×11×100

宽度 b	基本尺寸		2	3	4	5	6	8	10	12	14	16	18	20	22
	极限偏差(h8)		0 −0.014		0 −0.018			0 −0.022		0 −0.027				0 −0.033	
高度 h	基本尺寸		2	3	4	5	6	7	8	8	9	10	11	12	14
	极限偏差	矩形(h11)	—		—			0 −0.090					0 −0.010		
		方形(h8)	0 −0.014		0 −0.018			—					—		
倒角或圆角 s			0.16～0.25			0.25～0.40			0.40～0.60					0.60～0.80	
长度 L															
基本尺寸	极限偏差(h14)														
6	0 −0.36				—	—	—	—	—	—	—	—	—	—	—
8						—	—	—	—	—	—	—	—	—	—
10							—	—	—	—	—	—	—	—	—
12	0 −0.48						—	—	—	—	—	—	—	—	—
14								—	—	—	—	—	—	—	—
16								—	—	—	—	—	—	—	—
18									—	—	—	—	—	—	—
20	0 −0.52								—	—	—	—	—	—	—
22			—			标准				—	—	—	—	—	—
25			—							—	—	—	—	—	—
28			—								—	—	—	—	—
32	0 −0.62		—								—	—	—	—	—
36			—									—	—	—	—
40			—	—								—	—	—	—
45			—	—				长度					—	—	—
50			—	—	—									—	—
56	0 −0.74		—	—	—										—
63			—	—	—	—									
70			—	—	—	—									
80			—	—	—	—	—								
90	0 −0.87		—	—	—	—	—				范围				
100			—	—	—	—	—	—							
110			—	—	—	—	—	—							
125	0 −1.00		—	—	—	—	—	—	—						
140			—	—	—	—	—	—	—						
160			—	—	—	—	—	—	—	—					
180			—	—	—	—	—	—	—	—	—				
200	0 −1.15		—	—	—	—	—	—	—	—	—	—			
220			—	—	—	—	—	—	—	—	—	—	—		
250			—	—	—	—	—	—	—	—	—	—	—	—	

表 B-14　半圆键(摘自 GB/T 1098—2003、GB/T 1099—2003)　　　　(单位:mm)

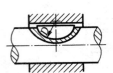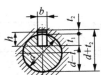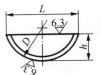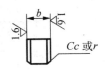

半圆键　键槽的剖面尺寸(摘自 GB/T 1098—2003)
普通型　半圆键(摘自 GB/T 1099—2003)

标注示例:
宽度 $b=6$ mm,高度 $h=10$ mm,直径 $D=25$ mm,普通型半圆键的标记为:
GB/T 1099.1 键 $6\times10\times25$

键尺寸				键槽				
				轴		轮毂 t_2		半径 r
b	h(h11)	D(h12)	c	t_1	极限偏差	t_2	极限偏差	
1.0	1.4	4		1.0		0.6		
1.5	2.6	7		2.0	+0.1 0	0.8		0.16~0.25
2.0	2.6	7		1.8		1.0		
2.0	3.7	10		2.9		1.0		
2.5	3.7	10	0.16~0.25	2.7		1.2		
3.0	5.0	13		3.8		1.4	+0.1 0	
3.0	6.5	16		5.3		1.4		
4.0	6.5	16		5.0	+0.2 0	1.8		
4.0	7.5	19		6.0		1.8		
5.0	6.5	16		4.5		2.3		
5.0	7.5	19	0.25~0.40	5.5		2.3		0.25~0.40
5.0	9.0	22		7.0		2.3		
6.0	9.0	22		6.5		2.8		
6.0	10.0	25		7.5	+0.3 0	2.8	+0.2 0	
8.0	11.0	28	0.40~0.60	8.0		3.3		0.40~0.60
10.0	13.0	32		10.0		3.3		

注:① 在图样中,轴槽深用 t_1 或 $(d-t_1)$ 标注,轮毂槽深用 $(d+t_2)$ 标注。$(d-t_1)$ 和 $(d+t_2)$ 的两个组合尺寸的极限偏差按相应 t_1 和 t_2 的极限偏差选取,但 $(d-t_1)$ 极限偏差应为负偏差。
　　② 键长 L 的两端允许倒成圆角,圆角半径 $r=0.5-1.5$ mm。
　　③ 键宽 b 的下偏差统一为"-0.025"。

表 B‑15　滚动轴承　(单位:mm)

深沟球轴承 (摘自 GB/T 276—1994)	圆锥滚子轴承 (摘自 GB/T 297—1994)	推力球轴承 (摘自 GB/T 301—1995)
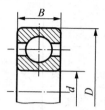	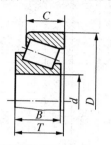	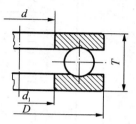
标记示例: 滚动轴承 6308 GB/T 276—1994	标记示例: 滚动轴承 30209 GB/T 297—1994	标记示例: 滚动轴承 51205 GB/T 301—1995

轴承型号	尺寸/mm			轴承型号	尺寸/mm					轴承型号	尺寸/mm			
	d	D	B		d	D	B	C	T		d	D	T	d_1
尺寸系列[(0)2]				尺寸系列[02]						尺寸系列[12]				
6202	15	35	11	30203	17	40	12	11	13.25	51202	15	32	12	17
6203	17	40	12	30204	20	47	14	12	15.25	51203	17	35	12	19
6204	20	47	14	30205	25	52	15	13	16.25	51204	20	40	14	22
6205	25	52	15	30206	30	62	16	14	17.25	51205	25	47	15	27
6206	30	62	16	30207	35	72	17	15	18.25	51206	30	52	16	32
6207	35	72	17	30208	40	80	18	16	19.75	51207	35	62	18	37
6208	40	80	18	30209	45	85	19	16	20.75	51208	40	68	19	42
6209	45	85	19	30210	50	90	20	17	21.75	51209	45	73	20	47
6210	50	90	20	30211	55	100	21	18	22.75	51210	50	78	22	52
6211	55	100	21	30212	60	110	22	19	23.75	51211	55	90	25	57
6212	60	110	22	30213	65	120	23	20	24.75	51212	60	95	26	62
尺寸系列[(0)3]				尺寸系列[03]						尺寸系列[13]				
6302	15	42	13	30302	15	42	13	11	14.25	51304	20	47	18	22
6303	17	47	14	30303	17	47	14	12	15.25	51305	25	52	18	27
6304	20	52	15	30304	20	52	15	13	16.25	51306	30	60	21	32
6305	25	62	17	30305	25	62	17	15	18.25	51307	35	68	24	37
6306	30	72	19	30306	30	72	19	16	20.75	51308	40	78	26	42
6307	35	80	21	30307	35	80	21	18	22.75	51309	45	85	28	47
6308	40	90	23	30308	40	90	23	20	25.25	51310	50	95	31	52
6309	45	100	25	30309	45	100	25	22	27.25	51311	55	105	35	57
6310	50	110	27	30310	50	110	27	23	29.25	51312	60	110	35	62
6311	55	120	29	30311	55	120	29	25	31.50	51313	65	115	36	67
6312	60	130	31	30312	60	130	31	26	33.50	51314	70	125	40	72

注:圆括号中的尺寸系列代号在轴承代号中省略。

附录 C 极限与配合

表 C-1 基本尺寸小于 500 mm 的标准公差

（单位：μm）

基本尺寸/mm	公差等级																			
	IT01	IT0	IT1	IT2	IT3	IT4	IT5	IT6	IT7	IT8	IT9	IT10	IT11	IT12	IT13	IT14	IT15	IT16	IT17	IT18
≤3	0.3	0.5	0.8	1.2	2	3	4	6	10	14	25	40	60	100	140	250	400	600	1 000	1 400
>3~6	0.4	0.6	1	1.5	2.5	4	5	8	12	18	30	48	75	120	180	300	480	750	1 200	1 800
>6~10	0.4	0.6	1	1.5	2.5	4	6	9	15	22	36	58	90	150	220	360	580	900	1 500	2 200
>10~18	0.5	0.8	1.2	2	3	5	8	11	18	27	43	70	110	180	270	430	700	1 100	1 800	2 700
>18~30	0.6	1	1.5	2.5	4	6	9	13	21	33	52	84	130	210	330	520	840	1 300	2 100	3 300
>30~50	0.7	1	1.5	2.5	4	7	11	16	25	39	62	100	160	250	390	620	1 000	1 600	2 500	3 900
>50~80	0.8	1.2	2	3	5	8	13	19	30	46	74	120	190	300	460	740	1 200	1 900	3 000	4 600
>80~120	1	1.5	2.5	4	6	10	15	22	35	54	87	140	220	350	540	870	1 400	2 200	3 500	5 400
>120~180	1.2	2	3.5	5	8	12	18	25	40	63	100	160	250	400	630	1 000	1 600	2 500	4 000	6 300
>180~250	2	3	4.5	7	10	14	20	29	46	72	115	185	290	460	720	1 150	1 850	2 900	4 600	7 200
>250~315	2.5	4	6	8	12	16	23	32	52	81	130	210	320	520	810	1 300	2 100	3 200	5 200	8 100
>315~400	3	5	7	9	13	18	25	36	57	89	140	230	360	570	890	1 400	2 300	3 600	5 700	8 900
>400~500	4	6	8	10	15	20	27	40	68	97	155	250	400	630	970	1 550	2 500	4 000	6 300	9 700

表 C-2 轴的极限偏差(摘自 GB/T 1008.4—1999) (单位:μm)

基本尺寸/mm	常用及优先公差带(带圈者为优先公差带)												
	a	b		c			d				e		
	11	11	12	9	10	⑪	8	⑨	10	11	7	8	9
>0~3	−270 −330	−140 −200	−140 −240	−60 −85	−60 −100	−60 −120	−20 −34	−20 −45	−20 −60	−20 −80	−14 −24	−14 −28	−14 −39
>3~6	−270 −345	−140 −215	−140 −260	−70 −100	−70 −118	−70 −145	−30 −48	−30 −60	−30 −78	−30 −105	−20 −32	−20 −38	−20 −50
>6~10	−280 −370	−150 −240	−150 −300	−80 −116	−80 −138	−80 −170	−40 −62	−40 −79	−40 −98	−40 −130	−25 −40	−25 −47	−25 −61
>10~14	−290 −400	−150 −260	−150 −330	−95 −138	−95 −165	−95 −205	−50 −77	−50 −93	−50 −120	−50 −160	−32 −50	−32 −59	−32 −75
>14~18													
>18~24	−300 −430	−160 −290	−160 −370	−110 −162	−110 −194	−110 −240	−65 −98	−65 −117	−65 −149	−65 −195	−40 −61	−40 −73	−40 −92
>24~30													
>30~40	−310 −470	−170 −330	−170 −420	−120 −182	−120 −220	−120 −280	−80 −119	−80 −142	−80 −180	−80 −240	−50 −75	−50 −89	−50 −112
>40~50	−320 −480	−180 −340	−180 −430	−130 −192	−130 −230	−130 −290							
>50~65	−340 −530	−190 −380	−190 −490	−140 −214	−140 −260	−140 −330	−100 −146	−100 −174	−100 −220	−100 −290	−60 −90	−60 −106	−60 −134
>65~80	−360 −550	−200 −390	−200 −500	−150 −224	−150 −270	−150 −340							
>80~100	−380 −600	−200 −440	−220 −570	−170 −257	−170 −310	−170 −390	−120 −174	−120 −207	−120 −260	−120 −340	−72 −109	−72 −126	−72 −159
>100~120	−410 −630	−240 −460	−240 −590	−180 −267	−180 −320	−180 −400							
>120~140	−460 −710	−260 −510	−260 −660	−200 −300	−200 −360	−200 −450							
>140~160	−520 −770	−280 −530	−280 −680	−210 −310	−210 −370	−210 −460	−145 −208	−145 −245	−145 −305	−145 −395	−85 −125	−85 −148	−85 −185
>160~180	−580 −830	−310 −560	−310 −710	−230 −330	−230 −390	−230 −480							
>180~200	−660 −950	−340 −630	−340 −800	−240 −355	−240 −425	−240 −530							
>200~225	−740 −1 030	−380 −670	−380 −840	−260 −375	−260 −445	−260 −550	−170 −242	−170 −285	−170 −355	−170 −460	−100 −146	−100 −172	−100 −215
>225~250	−820 −1 110	−420 −710	−420 880	−280 −395	−280 −465	−280 −570							

基本尺寸/mm	a	b	b	c	c	c	d	d	d	d	e	e	e
常用及优先公差带(带圈者为优先公差带)	11	11	12	9	10	⑪	8	⑨	10	11	7	8	9
>250~280	−920 −1 240	−480 −800	−480 −1 000	−300 −430	−300 −510	−300 −620	−190 −271	−190 −320	−190 −400	−190 −510	−110 −162	−110 −191	−110 −240
>280~315	−1 050 −1 370	−540 −860	−540 −1 060	−330 −460	−330 −540	−330 −650							
>315~355	−1 200 −1 560	−600 −960	−600 −1 170	−360 −500	−360 −590	−360 −720	−210 −299	−210 −350	−210 −440	−210 −570	−125 −182	−125 −214	−125 −265
>355~400	−1 350 −1 710	−680 −1 040	−680 −1 250	−400 −540	−400 −630	−400 −760							
>400~450	−1 500 −1 900	−760 −1 160	−760 −1 390	−440 −595	−440 −690	−440 −840	−230 −327	−230 −385	−230 −480	−230 −630	−135 −198	−135 −232	−135 −290
>450~500	−1 650 −2 050	−840 −1 240	−840 −1 470	−480 −635	−480 −730	−480 −880							

基本尺寸/mm	f	f	f	f	f	g	g	g	h	h	h	h	h	h	h	h
常用及优先公差带(带圈者为优先公差带)	5	6	⑦	8	9	5	⑥	7	5	⑥	⑦	8	⑨	10	⑪	12
>0~3	−6 −10	−6 −12	−6 −16	−6 −20	−6 −31	−2 −6	−2 −8	−2 −12	0 −4	0 −6	0 −10	0 −14	0 −25	0 −40	0 −60	0 −100
>3~6	−10 −15	−10 −18	−10 −22	−10 −28	−10 −40	−4 −9	−4 −12	−4 −16	0 −5	0 −8	0 −12	0 −18	0 −30	0 −48	0 −75	0 −120
>6~10	−13 −19	−13 −22	−13 −28	−13 −35	−13 −49	−5 −11	−5 −14	−5 −20	0 −6	0 −9	0 −15	0 −22	0 −36	0 −58	0 −90	0 −150
>10~14	−16 −24	−16 −27	−16 −34	−16 −43	−16 −59	−6 −14	−6 −17	−6 −24	0 −8	0 −11	0 −18	0 −27	0 −43	0 −70	0 −110	0 −180
>14~18																
>18~24	−20 −29	−20 −33	−20 −41	−20 −53	−20 −72	−7 −16	−7 −20	−7 −28	0 −9	0 −13	0 −21	0 −33	0 −52	0 −84	0 −130	0 −210
>24~30																
>30~40	−25 −36	−25 −41	−25 −50	−25 −64	−25 −87	−9 −20	−9 −25	−9 −34	0 −11	0 −16	0 −25	0 −39	0 −62	0 −100	0 −160	0 −250
>40~50																
>50~65	−30 −43	−30 −49	−30 −60	−30 −76	−30 −104	−10 −23	−10 −29	−10 −40	0 −13	0 −19	0 −30	0 −46	0 −74	0 −120	0 −190	0 −300
>65~80																
>80~100	−36 −51	−36 −58	−36 −71	−36 −90	−36 −123	−12 −27	−12 −34	−12 −47	0 −15	0 −22	0 −35	0 −54	0 −87	0 −140	0 −220	0 −350
>100~120																

常用及优先公差带(带圈者为优先公差带)

基本尺寸/mm	f					g			h							
	5	6	⑦	8	9	5	⑥	7	5	⑥	⑦	8	⑨	10	⑪	12
>120~140	−43	−43	−43	−43	−43	−14	−14	−14	0	0	0	0	0	0	0	0
>140~160	−61	−68	−83	−106	−143	−32	−39	−54	−18	−25	−40	−63	−100	−160	−250	−400
>160~180																
>180~200	−50	−50	−50	−50	−50	−15	−15	−15	0	0	0	0	0	0	0	0
>200~225	−70	−79	−96	−122	−165	−35	−44	−61	−20	−29	−46	−72	−115	−185	−290	−460
>225~250																
>250~280	−56	−56	−56	−56	−56	−17	−17	−17	0	0	0	0	0	0	0	0
>280~315	−79	−88	−108	−137	−186	−40	−49	−69	−23	−32	−52	−81	−130	−210	−320	−520
>315~355	−62	−62	−62	−62	−62	−18	−18	−18	0	0	0	0	0	0	0	0
>355~400	−87	−98	−119	−151	−202	−43	−54	−75	−25	−36	−57	−89	−140	−230	−360	−570
>400~450	−68	−68	−68	−68	−68	−20	−20	−20	0	0	0	0	0	0	0	0
>450~500	−95	−108	−131	−165	−223	−47	−60	−83	−27	−40	−63	−97	−155	−250	−400	−630

常用及优先公差带(带圈者为优先公差带)

基本尺寸/mm	js			k			m			n			p		
	5	⑥	7	5	⑥	7	5	6	7	5	⑥	7	5	⑥	7
>0~3	±2	±3	±5	+4 0	+6 0	+10 0	+6 +2	+8 +2	+12 +2	+8 +4	+10 +4	+14 +4	+10 +6	+12 +6	+16 +6
>3~6	±2.5	±4	±6	+6 +1	+9 +1	+13 +1	+9 +4	+12 +4	+16 +4	+13 +8	+16 +8	+20 +8	+17 +12	+20 +12	+24 +12
>6~10	±3	±4.5	±7	+7 +1	+10 +1	+16 +1	+12 +6	+15 +6	+21 +6	+16 +10	+19 +10	+25 +10	+21 +15	+24 +15	+30 +15
>10~14	±4	±5.5	±9	+9 +1	+12 +1	+19 +1	+15 +7	+18 +7	+25 +7	+20 +12	+23 +12	+30 +12	+26 +18	+29 +18	+36 +18
>14~18															
>18~24	±4.5	±6.5	±10	+11 +2	+15 +2	+23 +2	+17 +8	+21 +8	+29 +8	+24 +15	+28 +15	+36 +15	+31 +22	+35 +22	+43 +22
>24~30															
>30~40	±5.5	±8	±12	+13 +2	+18 +2	+27 +2	+20 +9	+25 +9	+34 +9	+28 +17	+33 +17	+42 +17	+37 +26	+42 +26	+51 +26
>40~50															
>50~65	±6.5	±9.5	±15	+15 +2	+21 +2	+32 +2	+24 +11	+30 +11	+41 +11	+33 +20	+39 +20	+50 +20	+45 +32	+51 +32	+62 +32
>65~80															
>80~100	±7.5	±11	±17	+18 +3	+25 +3	+38 +3	+28 +13	+35 +13	+48 +13	+38 +23	+45 +23	+58 +23	+52 +37	+59 +37	+72 +37
>100~120															

机械制图

基本尺寸/mm	常用及优先公差带（带圈者为优先公差带）														
	js			k			m			n			p		
	5	⑥	7	5	⑥	7	5	6	7	5	⑥	7	5	⑥	7
>120~140	±9	±12.5	±20	+21 +3	+28 +3	+43 +3	+33 +15	+40 +15	+55 +15	+45 +27	+52 +27	+67 +27	+61 +43	+68 +43	+83 +43
>140~160	±9	±12.5	±20	+21 +3	+28 +3	+43 +3	+33 +15	+40 +15	+55 +15	+45 +27	+52 +27	+67 +27	+61 +43	+68 +43	+83 +43
>160~180	±9	±12.5	±20	+21 +3	+28 +3	+43 +3	+33 +15	+40 +15	+55 +15	+45 +27	+52 +27	+67 +27	+61 +43	+68 +43	+83 +43
>180~200	±10	±14.5	±23	+24 +4	+33 +4	+50 +4	+37 +17	+46 +17	+63 +17	+51 +31	+60 +31	+77 +31	+70 +50	+79 +50	+96 +50
>200~225	±10	±14.5	±23	+24 +4	+33 +4	+50 +4	+37 +17	+46 +17	+63 +17	+51 +31	+60 +31	+77 +31	+70 +50	+79 +50	+96 +50
>225~250	±10	±14.5	±23	+24 +4	+33 +4	+50 +4	+37 +17	+46 +17	+63 +17	+51 +31	+60 +31	+77 +31	+70 +50	+79 +50	+96 +50
>250~280	±11.5	±16	±26	+27 +4	+36 +4	+56 +4	+43 +20	+52 +20	+72 +20	+57 +34	+66 +34	+86 +34	+79 +56	+88 +56	+108 +56
>280~315	±11.5	±16	±26	+27 +4	+36 +4	+56 +4	+43 +20	+52 +20	+72 +20	+57 +34	+66 +34	+86 +34	+79 +56	+88 +56	+108 +56
>315~355	±12.5	±18	±28	+29 +4	+40 +4	+61 +4	+46 +21	+57 +21	+78 +21	+62 +37	+73 +37	+94 +37	+87 +62	+98 +62	+119 +62
>355~400	±12.5	±18	±28	+29 +4	+40 +4	+61 +4	+46 +21	+57 +21	+78 +21	+62 +37	+73 +37	+94 +37	+87 +62	+98 +62	+119 +62
>400~450	±13.5	±20	±31	+32 +5	+45 +5	+68 +5	+50 +23	+63 +23	+86 +23	+67 +40	+80 +40	+103 +40	+95 +68	+108 +68	+131 +68
>450~500	±13.5	±20	±31	+32 +5	+45 +5	+68 +5	+50 +23	+63 +23	+86 +23	+67 +40	+80 +40	+103 +40	+95 +68	+108 +68	+131 +68

基本尺寸/mm	常用及优先公差带（带圈者为优先公差带）													
	r			s			t			u		v	x	y	z
	5	6	7	5	⑥	7	5	6	7	⑥	7	6	6	6	6
>0~3	+14 +10	+16 +10	+20 +10	+18 +14	+20 +14	+24 +14	—	—	—	+24 +18	+28 +18	—	+26 +20	—	+32 +26
>3~6	+20 +15	+23 +15	+27 +15	+24 +19	+27 +19	+31 +19	—	—	—	+31 +23	+35 +23	—	+36 +28	—	+43 +35
>6~10	+25 +19	+28 +19	+34 +19	+29 +23	+32 +23	+38 +23	—	—	—	+37 +28	+43 +28	—	+43 +34	—	+51 +42
>10~14	+31 +23	+34 +23	+41 +23	+36 +28	+39 +28	+46 +28	—	—	—	+44 +33	+51 +33	—	+51 +40	—	+61 +50
>14~18	+31 +23	+34 +23	+41 +23	+36 +28	+39 +28	+46 +28	—	—	—	+44 +33	+51 +33	+50 +39	+56 +45	—	+71 +60
>18~24	+37 +28	+41 +28	+49 +28	+44 +35	+48 +35	+56 +35	—	—	—	+54 +41	+62 +41	+60 +47	+67 +54	+76 +63	+86 +73
>24~30	+37 +28	+41 +28	+49 +28	+44 +35	+48 +35	+56 +35	+50 +41	+54 +41	+62 +41	+61 +48	+69 +48	+68 +55	+77 +64	+88 +75	+101 +88
>30~40	+45 +34	+50 +34	+59 +34	+54 +43	+59 +43	+68 +43	+59 +48	+64 +48	+73 +48	+76 +60	+85 +60	+84 +68	+96 +80	+110 +94	+128 +112
>40~50	+45 +34	+50 +34	+59 +34	+54 +43	+59 +43	+68 +43	+65 +54	+70 +54	+79 +54	+86 +70	+95 +70	+97 +81	+113 +97	+130 +114	+152 +136

基本尺寸/mm	常用及优先公差带(带圈者先公差带)														
	r			s			t			u		v	x	y	z
	5	6	7	5	⑥	7	5	6	7	⑥	7	6	6	6	6
>50~65	+54/+41	+60/+41	+71/+41	+66/+53	+72/+53	+83/+53	+79/+66	+85/+66	+96/+66	+106/+87	+117/+87	+121/+102	+141/+122	+163/+144	+191/+172
>65~80	+56/+43	+62/+43	+73/+43	+72/+59	+78/+59	+89/+59	+88/+75	+94/+75	+105/+75	+121/+102	+132/+102	+139/+120	+165/+146	+193/+174	+229/+210
>80~100	+66/+51	+73/+51	+86/+51	+86/+71	+93/+71	+106/+91	+106/+91	+113/+91	+126/+91	+146/+124	+159/+124	+168/+146	+200/+178	+236/+214	+280/+258
>100~120	+69/+54	+76/+54	+89/+54	+94/+79	+101/+79	+114/+79	+110/+104	+126/+104	+136/+104	+166/+144	+179/+144	+194/+172	+232/+210	+276/+254	+332/+310
>120~140	+81/+63	+88/+63	+103/+63	+110/+92	+117/+92	+132/+92	+140/+122	+147/+122	+162/+122	+195/+170	+210/+170	+227/+202	+273/+248	+325/+300	+390/+365
>140~160	+83/+65	+90/+65	+105/+65	+118/+100	+125/+100	+140/+100	+152/+134	+159/+134	+174/+134	+215/+190	+230/+190	+253/+228	+305/+280	+365/+340	+440/+415
>160~180	+86/+68	+96/+68	+108/+68	+126/+108	+133/+108	+148/+108	+164/+146	+171/+146	+186/+146	+235/+210	+252/+210	+277/+252	+335/+310	+405/+380	+490/+465
>180~200	+97/+77	+106/+77	+123/+77	+142/+122	+151/+122	+168/+122	+186/+166	+195/+166	+212/+166	+265/+236	+282/+236	+313/+284	+379/+350	+454/+425	+549/+520
>200~225	+100/+80	+109/+80	+126/+80	+150/+130	+159/+130	+176/+130	+200/+180	+209/+180	+226/+180	+287/+258	+304/+258	+339/+310	+414/+385	+499/+470	+604/+575
>225~250	+104/+84	+113/+84	+130/+84	+160/+140	+169/+140	+186/+140	+216/+196	+225/+196	+242/+196	+313/+284	+330/+284	+369/+340	+454/+425	+549/+520	+669/+640
>250~280	+117/+94	+126/+94	+146/+94	+181/+158	+190/+158	+210/+158	+241/+218	+250/+218	+270/+218	+347/+315	+367/+315	+417/+385	+507/+475	+612/+580	+742/+710
>280~315	+121/+98	+130/+98	+150/+98	+193/+170	+202/+170	+222/+170	+263/+240	+272/+240	+292/+240	+382/+350	+402/+350	+457/+425	+557/+525	+682/+650	+822/+790
>315~355	+133/+108	+144/+108	+165/+108	+215/+190	+226/+190	+247/+190	+293/+268	+304/+268	+325/+268	+426/+390	+447/+390	+511/+475	+626/+590	+766/+730	+936/+900
>355~400	+139/+114	+150/+114	+171/+114	+233/+208	+244/+208	+265/+208	+319/+294	+330/+294	+351/+294	+471/+435	+492/+435	+566/+530	+696/+660	+856/+820	+1 036/+1 000
>400~450	+153/+126	+166/+126	+189/+126	+259/+232	+272/+232	+295/+232	+357/+330	+370/+330	+393/+330	+530/+490	+553/+490	+635/+595	+780/+740	+960/+920	+1 140/+1 100
>450~500	+159/+132	+172/+132	+195/+132	+279/+252	+292/+252	+315/+252	+387/+360	+400/+360	+423/+360	+580/+540	+603/+540	+700/+660	+860/+820	+1 040/+1 000	+1 290/+1 250

注：基本尺寸小于1 mm时，各级的a和b均不采用。

表 C-3 孔的极限偏差(摘自 GB/T 1800.4—1999) (单位:μm)

基本尺寸/mm	常用及优先公差带(带圈者为优先公差带)													
	A	B	C	D				E		F			
	11	11	12	⑪	8	⑨	10	11	8	9	6	7	⑧	9
>0~3	+330 +270	+200 +140	+240 +140	+120 +60	+34 +20	+45 +20	+60 +20	+80 +20	+28 +14	+39 +14	+12 +6	+16 +6	+20 +6	+31 +6
>3~6	+345 +270	+215 +140	+260 +140	+145 +70	+48 +30	+60 +30	+78 +30	+105 +30	+38 +20	+50 +20	+18 +10	+22 +10	+28 +10	+40 +10
>6~10	+370 +280	+240 +150	+300 +150	+170 +80	+62 +40	+76 +40	+98 +40	+130 +40	+47 +25	+61 +25	+22 +13	+28 +13	+35 +13	+49 +13
>10~14	+400 +290	+260 +150	+330 +150	+205 +95	+77 +50	+93 +50	+120 +50	+160 +50	+59 +32	+75 +32	+27 +16	+34 +16	+43 +16	+59 +16
>14~18														
>18~24	+430 +300	+290 +160	+370 +160	+240 +110	+98 +65	+117 +65	+149 +65	+195 +65	+73 +40	+92 +40	+33 +20	+41 +20	+53 +20	+72 +20
>24~30														
>30~40	+470 +310	+330 +170	+420 +170	+280 +170	+119 +80	+142 +80	+180 +80	+240 +80	+89 +50	+112 +50	+41 +25	+50 +25	+64 +25	+87 +25
>40~50	+480 +320	+340 +180	+430 +180	+290 +180										
>50~65	+530 +340	+380 +190	+490 +190	+330 +140	+146 +100	+170 +100	+220 +100	+290 +100	+106 +6	+134 +80	+49 +30	+60 +30	+76 +30	+104 +30
>65~80	+550 +360	+390 +200	+500 +200	+340 +150										
>80~100	+600 +380	+440 +220	+570 +220	+390 +170	+174 +120	+207 +120	+260 +120	+340 +120	+126 +72	+159 +72	+58 +36	+71 +36	+90 +36	+123 +36
>100~120	+630 +410	+460 +240	+590 +240	+400 +180										
>120~140	+710 +460	+510 +260	+660 +260	+450 +200	+208 +145	+245 +145	+305 +145	+395 +145	+148 +85	+135 +85	+68 +43	+83 +43	+106 +43	+143 +43
>140~160	+770 +520	+530 +280	+680 +280	+460 +210										
>160~180	+830 +580	+560 +310	+710 +310	+480 +230										
>180~200	+950 +660	+630 +340	+800 +340	+530 +240	+242 +170	+285 +170	+355 +170	+460 +170	+172 +100	+215 +100	+79 +50	+96 +50	+122 +50	+165 +50
>200~225	+1 030 +740	+670 +380	+840 +380	+550 +260										
>225~250	+1 110 +820	+710 +420	+880 +420	+570 +280										

基本尺寸/mm	A	B		C	D				E		F			
	11	11	12	⑪	8	⑨	10	11	8	9	6	7	⑧	9
>250~280	+1 240 / +920	+800 / +480	+1 000 / +480	+620 / +300	+271 / +190	+320 / +190	+400 / +190	+510 / +190	+191 / +110	+240 / +110	+88 / +56	+108 / +56	+137 / +56	+186 / +56
>280~315	+1 370 / +1 050	+860 / +540	+1 060 / +540	+650 / +330										
>315~355	+1 560 / +1 200	+960 / +600	+1 170 / +600	+720 / +360	+299 / +210	+350 / +210	+440 / +210	+570 / +210	+214 / +125	+265 / +125	+98 / +62	+119 / +62	+151 / +62	+202 / +62
>355~400	+1 710 / +1 350	+1 040 / +680	+1 250 / +680	+760 / +400										
>400~450	+1 900 / +1 500	+1 160 / +760	+1 390 / +760	+840 / +440	+327 / +230	+385 / +230	+480 / +230	+630 / +230	+232 / +135	+290 / +135	+108 / +68	+131 / +68	+165 / +68	+223 / +68
>450~500	+2 050 / +1 650	+1 240 / +840	+1 470 / +840	+880 / +480										

常用及优先公差带(带圈者为优先公差带)

基本尺寸/mm	G		H							J_s			K			M		
	6	⑦	6	⑦	⑧	⑨	10	⑪	12	6	7	8	6	⑦	8	6	7	8
>0~3	+8 / +2	+12 / +2	+6 / 0	+10 / 0	+14 / 0	+25 / 0	+40 / 0	+60 / 0	+100 / 0	±3	±5	±7	0 / −6	0 / −10	0 / −14	−2 / −8	−2 / −12	−2 / −16
>3~6	+12 / +4	+16 / +4	+8 / 0	+12 / 0	+18 / 0	+30 / 0	+48 / 0	+75 / 0	+120 / 0	±4	±6	±9	+2 / −6	+3 / −9	+5 / −13	−1 / −9	0 / −12	+2 / −16
>6~10	+14 / +5	+20 / +5	+9 / 0	+15 / 0	+22 / 0	+36 / 0	+58 / 0	+90 / 0	+150 / 0	±4.5	±7	±11	+2 / −7	+5 / −10	+6 / −16	−3 / −12	0 / −15	+1 / −21
>10~14 >14~18	+17 / +6	+24 / +6	+11 / 0	+18 / 0	+27 / 0	+43 / 0	+70 / 0	+110 / 0	+180 / 0	±5.5	±9	±13	+2 / −9	+6 / −12	+8 / −19	−4 / −15	0 / −18	+2 / −25
>18~24 >24~30	+20 / +7	+28 / +7	+13 / 0	+21 / 0	+33 / 0	+52 / 0	+84 / 0	+130 / 0	+210 / 0	±6.5	±10	±16	+2 / −11	+6 / −15	+10 / −23	−4 / −17	0 / −21	+4 / −29
>30~40 >40~50	+25 / +9	+34 / +9	+16 / 0	+25 / 0	+39 / 0	+62 / 0	+100 / 0	+160 / 0	+250 / 0	±8	±12	±19	+3 / −13	+7 / −18	+12 / −27	−4 / −20	0 / −25	+5 / −34
>50~65 >65~80	+29 / +10	+40 / +10	+19 / 0	+30 / 0	+46 / 0	+74 / 0	+120 / 0	+190 / 0	+300 / 0	±9.5	±15	±23	+4 / −15	+9 / −21	+14 / −32	−5 / −24	0 / −30	+5 / −41
>80~100 >100~120	+34 / +12	+47 / +12	+22 / 0	+35 / 0	+54 / 0	+87 / 0	+140 / 0	+220 / 0	+350 / 0	±11	±17	±27	+4 / −18	+10 / −25	+16 / −38	−6 / −28	0 / −35	+6 / −48

(续表)

基本尺寸/mm	常用及优先公差带(带圈者为优先公差带)																			
	G		H							Js			K			M		
	6	⑦	6	⑦	⑧	⑨	10	⑪	12	6	7	8	6	⑦	8	6	7	8
>120~140	+39 +14	+54 +14	+25 0	+40 0	+63 0	+100 0	+160 0	+250 0	+400 0	±12.5	±20	±31	+4 −21	+12 −28	+20 −43	−8 −33	0 −40	+8 −55
>140~160																		
>160~180																		
>180~200	+44 +15	+61 +15	+29 0	+46 0	+72 0	+115 0	+185 0	+290 0	+460 0	±14.5	±23	±36	+5 −24	+13 −33	+22 −50	−8 −37	0 −46	+9 −63
>200~225																		
>225~250																		
>250~280	+49 +17	+69 +17	+32 0	+52 0	+81 0	+130 0	+210 0	+320 0	+520 0	±16	±26	±40	+5 −27	+16 −36	+25 −56	−9 −41	0 −52	+9 −72
>280~315																		
>315~355	+54 +18	+75 +18	+36 0	+57 0	+89 0	+140 0	+230 0	+360 0	+570 0	±18	±28	±44	+7 −29	+17 −40	+28 −61	−10 −46	0 −57	+11 −78
>355~400																		
>400~450	+60 +20	+83 +20	+40 0	+63 0	+97 0	+155 0	+250 0	+400 0	+630 0	±20	±31	±48	+8 −32	+18 −45	+29 −68	−10 −50	0 −63	+11 −86
>450~500																		

基本尺寸/mm	常用及优先公差带(带圈者为优先公差带)											
	N			P		R		S		T		U
	6	⑦	8	6	⑦	6	7	6	⑦	6	7	⑦
>0~3	−4 −10	−4 −14	−4 −18	−6 −12	−6 −16	−10 −16	−10 −20	−14 −20	−14 −24	—	—	−18 −28
>3~6	−5 −13	−4 −16	−2 −20	−9 −17	−8 −20	−12 −20	−11 −23	−16 −24	−15 −27	—	—	−19 −31
>6~10	−7 −16	−4 −19	−3 −25	−12 −21	−9 −24	−16 −25	−13 −28	−20 −29	−17 −32	—	—	−22 −37
>10~14	−9 −20	−5 −23	−3 −30	−15 −26	−11 −29	−20 −31	−16 −34	−25 −36	−21 −39	—	—	−26 −44
>14~18												
>18~24	−11 −24	−7 −28	−3 −36	−18 −31	−14 −35	−24 −37	−20 −41	−31 −44	−27 −48	—	—	−33 −54
>24~30										−37 −50	−33 −54	−40 −61
>30~40	−12 −28	−8 −33	−3 −42	−21 −37	−17 −42	−29 −45	−25 −50	−38 −54	−34 −59	−43 −59	−39 −64	−51 −76
>40~50										−49 −65	−45 −70	−61 −86

(续表)

基本尺寸/mm	常用及优先公差(带圈者为优先公差带)										
	N			P		R		S		T		U
	6	⑦	8	6	⑦	6	7	6	⑦	6	7	⑦
>50~65	−14 −33	−9 −39	−4 −50	−26 −45	−21 −51	−35 −54	−30 −60	−47 −66	−42 −72	−60 −79	−55 −85	−76 −106
>65~80						−37 −56	−32 −62	−53 −72	−48 −78	−69 −88	−64 −94	−91 −121
>80~100	−16 −38	−10 −45	−4 −58	−30 −52	−24 −59	−44 −66	−38 −73	−64 −86	−58 −93	−84 −106	−78 −113	−111 −146
>100~120						−47 −69	−41 −76	−72 −94	−66 −101	−97 −119	−91 −126	−131 −166
>120~140	−20 −45	−12 −52	−4 −67	−36 −61	−28 −68	−56 −81	−48 −88	−85 −110	−77 −117	−115 −140	−107 −147	−155 −195
>140~160						−58 −83	−50 −90	−93 −118	−85 −125	−127 −152	−119 −159	−175 −215
>160~180						−61 −86	−53 −93	−101 −126	−93 −133	−139 −164	−131 −171	−195 −235
>180~200	−22 −51	−14 −60	−5 −77	−41 −70	−33 −79	−68 −97	−60 −106	−113 −142	−105 −151	−157 −186	−149 −195	−219 −265
>200~225						−71 −100	−63 −109	−121 −150	−113 −159	−171 −200	−163 −209	−241 −287
>225~250						−75 −104	−67 −113	−131 −160	−123 −169	−187 −216	−179 −225	−267 −313
>250~280	−25 −57	−14 −66	−5 −86	−47 −79	−36 −88	−85 −117	−74 −126	−149 −181	−138 −190	−209 −241	−198 −250	−295 −347
>280~315						−89 −121	−78 −130	−161 −193	−150 −202	−231 −263	−220 −272	−330 −382
>315~355	−26 −62	−16 −73	−5 −94	−51 −87	−41 −98	−97 −133	−87 −144	−179 −215	−169 −226	−257 −293	−247 −304	−369 −426
>355~400						−103 −139	−93 −150	−197 −233	−187 −244	−283 −319	−273 −330	−414 −471
>400~450	−27 −67	−17 −80	−6 −103	−55 −95	−45 −108	−113 −153	−103 −166	−219 −259	−209 −272	−317 −357	−307 −370	−467 −530
>450~500						−119 −159	−109 −172	−239 −279	−229 −279	−347 −387	−337 −400	−517 −580

注：基本尺寸小于 1 mm 时，各级的 A 和 B 均不采用。

机械制图

表 C-4　形位公差的公差数值(摘自 GB/T 1184—1996)

公差项目	主参数 L/mm	公差等级											
		1	2	3	4	5	6	7	8	9	10	11	12
		公差值/μm											
直线度、平面度	≤10	0.2	0.4	0.8	1.2	2	3	5	8	12	20	30	60
	>10~16	0.25	0.5	1	1.5	2.5	4	6	10	15	25	40	80
	>16~25	0.3	0.6	1.2	2	3	5	8	12	20	30	50	100
	>25~40	0.4	0.8	1.5	2.5	4	6	10	15	25	40	60	120
	>40~63	0.5	1	2	3	5	8	12	20	30	50	80	150
	>63~100	0.6	1.2	2.5	4	6	10	15	25	40	60	1 001	200
	>100~160	0.8	1.5	3	5	8	12	20	30	50	80	20	250
	>160~250	1	2	4	6	10	15	25	40	60	100	150	300
圆度、圆柱度	≤3	0.2	0.3	0.5	0.8	1.2	2	3	4	6	10	14	25
	>3~6	0.2	0.4	0.6	1	1.5	2.5	4	5	8	12	18	30
	>6~10	0.25	0.4	0.6	1	1.5	2.5	4	6	9	15	22	36
	>10~18	0.25	0.5	0.8	1.2	2	3	5	8	11	18	27	43
	>18~30	0.3	0.6	1	1.5	2.5	4	6	9	13	21	33	52
	>30~50	0.4	0.6	1	1.5	2.5	4	7	11	16	25	39	62
	>50~80	0.5	0.8	1.2	2	3	5	8	13	19	30	46	74
	>80~120	0.6	1	1.5	2.5	4	6	10	15	22	35	54	87
	>120~180	1	1.2	2	3.5	5	8	12	18	25	40	63	100
	>180~250	1.2	2	3	4.5	7	10	14	20	29	46	72	115
平行度、垂直度、倾斜度	≤10	0.4	0.8	1.5	3	5	8	12	20	30	50	80	120
	>10~16	0.5	1	2	4	6	10	15	25	40	60	100	150
	>16~25	0.6	1.2	2.5	5	8	12	20	30	50	80	120	200
	>25~40	0.8	1.5	3	6	10	15	25	40	60	100	150	250
	>40~63	1	2	4	8	12	20	30	50	80	120	200	300
	>63~100	1.2	2.5	5	10	15	25	40	60	100	150	250	400
	>100~160	1.5	3	6	12	20	30	50	80	120	200	300	500
	>160~250	2	4	8	15	25	40	60	100	150	250	400	600
同轴度、对称度、圆跳动、全跳动	≤1	0.4	0.6	1.0	1.5	2.5	4	6	10	15	25	40	60
	>1~3	0.4	0.6	1.0	1.5	2.5	4	6	10	20	40	60	120
	>3~6	0.5	0.8	1.2	2	3	5	8	12	25	50	80	150
	>6~10	0.6	1	1.5	2.5	4	6	10	15	30	60	100	200
	>10~18	0.8	1.2	2	3	5	8	12	20	40	80	120	250
	>18~30	1	1.5	2.5	4	6	10	15	25	50	100	150	300
	>30~50	1.2	2	3	5	8	12	20	30	60	120	200	400
	>50~120	1.5	2.5	4	6	10	15	25	40	80	150	250	500
	>120~250	2	3	5	8	12	20	30	50	100	200	300	600

附录D　标准结构

表 D-1　中心孔表示法(摘自 GB/T 4459.5—1999)　　　　　　　(单位:mm)

型式及标记示例	R 型	A 型	B 型	C 型
	 GB/T 4459.5— R3.15/6.7 ($D = 3.15$ $D_1 = 6.7$)	 GB/T 4459.5— A4/8.5 ($D = 4$　$D_1 = 8.5$)	 GB/T 4459.5— B2.5/8 ($D = 2.5$　$D_1 = 8$)	 GB/T 4459.5— CM10L30/16.3 ($D = M10$ $L = 30$　$D_2 = 6.7$)
用途	通常用于需要提高加工精度的场合	通常用于加工后可以保留的场合(此种情况占绝大多数)	通常用于加工后必需要保留的场合	通常用于一些需要带压紧装置的零件

中心孔表示法	要求	规定表示法	简化表示法	说　明
	在完工的零件上要求保留中心孔	GB/T 4459.5-B4/12.5	B4/12.5	采用 B 型中心孔 $D = 4$，$D_1 = 12.5$
	在完工的零件上可以保留中心孔(是否保留都可以,多数情况如此)	GB/T 4459.5-A2/4.25	A2/4.25	采用 A 型中心孔 $D = 2$　$D_1 = 4.25$ 一般情况下,均采用这种方式
		2×A4/8.5 GB/T 4459.5	2×A4/8.5	采用 A 型中心孔 $D = 4$　$D_1 = 8.5$ 轴的两端中心孔相同,可只在一端注出
	在完工的零件上不允许保留中心孔	GB/T 4459.5-A1.6/3.35	A1.6/3.35	采用 A 型中心孔 $D = 1.6$　$D_1 = 3.35$

注:1. 对标准中心孔,在图样中可不绘制其详细结构;2. 简化标注时,可省略标准编号;3. 尺寸 L 取决于零件的功能要求。

中心孔的尺寸参数

导向孔直径 D(公称尺寸)	R 型	A 型		B 型		C 型	
	锥孔直径 D_1	锥孔直径 D_1	参照尺寸 t	锥孔直径 D_1	参照尺寸 t	公称尺寸 M	锥孔直径 D_2
1	2.12	2.12	0.9	3.15	0.9	M3	5.8
1.6	3.35	3.35	1.4	5	1.4	M4	7.4
2	4.25	4.25	1.8	6.3	1.8	M5	8.8
2.5	5.3	5.3	2.2	8	2.2	M6	10.5
3.15	6.7	6.7	2.8	10	2.8	M8	13.2
4	8.5	8.5	3.5	12.5	3.5	M10	16.3
(5)	10.6	10.6	4.4	16	4.4	M12	19.8
6.3	13.2	13.2	5.5	18	5.5	M16	25.3
(8)	17	17	7	22.4	7	M20	31.3
10	21.2	21.2	8.7	28	8.7	M24	38

注:尽量避免选用括号中的尺寸。

表 D - 2　零件倒角与倒圆(摘自 GB/T 6403. 4—1986)　　　　(单位:mm)

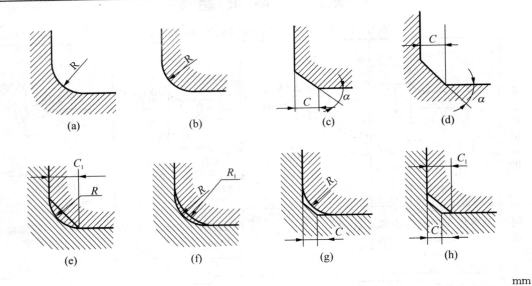

(a)　(b)　(c)　(d)

(e)　(f)　(g)　(h)

mm

Φ	—3	>3~6	>6~10	>10~18	>18~30	>30~50
C 或 R	0.2	0.4	0.6	0.8	1.0	1.6
Φ	>50~80	>80~120	>120~180	>180~250	>250~320	>320~400
C 或 R	2.0	2.5	3.0	4.0	5.0	6.0
Φ	>400~500	>500~630	>630~800	>800~1 000	>1 000~1 250	>1 250~1 600
C 或 R	8.0	10	12	16	20	25

注: ① 内角倒圆,外角倒角时,$C_1 > R$,见图 e。
　　② 内角倒圆,外角倒圆时,$R_1 > R$,见图 f。
　　③ 内角倒角,外角倒圆时,$C < 0.58R_1$,见图 g。
　　④ 内角倒角,外角倒角时,$C_1 > C$,见图 h。

表 D-3 紧固件通孔(摘自 GB/T 5277—1985)及沉头座尺寸(摘自 GB/T 152.2—152.4—1988)

(单位:mm)

螺纹规格 d		3	4	5	6	8	10	12	14	16	18	20	22	24	27	30	36	
通孔直径 GB/T 5277—1985	精装配	3.2	4.3	5.3	6.4	8.4	10.5	13	15	17	19	21	23	25	28	31	37	
	中等装配	3.4	4.5	5.5	6.6	9	11	13.5	15.5	17.5	20	22	24	26	30	33	39	
	精装配	3.6	4.8	5.8	7	10	12	14.5	16.5	18.5	21	24	26	28	32	35	42	
六角头螺栓和六角螺母用沉孔 GB/T 152.4—1988	d_2	9	10	11	13	18	22	26	30	33	36	40	43	48	53	61		适用于六角头螺栓和六角螺母
	d_3	—	—	—	—	—	—	16	18	20	22	24	26	28	33	36		
	d_1	3.4	4.5	5.5	6.6	9.0	11.0	13.5	15.5	17.5	20.0	22.0	24	26	30	33		
沉头用沉孔 GB/T 152.2—1988	d_2	6.4	9.6	10.6	12.8	17.6	20.3	24.4	28.4	32.4	—	40.4	—	—	—	—		适用于沉头及半沉头螺钉
	$t\approx$	1.6	2.7	2.7	3.3	4.6	5.0	6.0	7.0	8.0	—	10.0	—	—	—	—		
	d_1	3.4	4.5	5.5	6.6	9	11	13.5	15.5	17.5	—	22	—	—	—	—		
	α					$90°^{-2°}_{-4°}$												
圆柱头用沉孔 GB/T 152.3—1988	d_2	6.0	8.0	10.0	11.0	15.0	18.0	20.0	24.0	26.0	—	33.0	—	40.0	—	48.0		适用于内六角圆柱头螺钉
	t	3.4	4.6	5.7	6.8	9.0	11.0	13.0	15.0	17.5	—	21.5	—	25.5	—	32.0		
	d_3	—	—	—	—	—	—	16	18	20	—	24	—	28	—	36		
	d_1	3.4	4.5	5.5	6.6	9.0	11.0	13.5	15.5	17.5	—	22.0	—	26.0	—	33.0		
	d_2	—	8	10	11	15	18	20	24	26	—	33	—	—	—	—		适用于开槽圆柱头螺钉
	t	—	3.2	4.0	4.7	6.0	7.0	8.0	9.0	10.5	—	12.5	—	—	—	—		
	d_3	—	—	—	—	—	—	16	18	20	—	24	—	—	—	—		
	d_1	—	4.5	5.5	6.6	9.0	11.0	13.5	15.5	17.5	—	22.0	—	—	—	—		

注:对螺栓和螺母用沉孔的尺寸 t,只要能制出与通孔轴线垂直的圆平面即可,即刮平圆平面为止,常称锪平。表中尺寸 d_1、d_2、t 的公差带都是 H13。

附录E 常用材料

表 E-1 常用黑色金属材料

名称	牌号		应用举例	说明
碳素结构钢	Q195	—	用于金属结构构件、拉杆、心轴、垫圈、凸轮等。	1. 新旧牌号对照：Q215→A2；Q235→A3；Q275→A5 2. A级不做冲击试验；B级做常温冲击试验；C、D级重要焊接结构用
碳素结构钢	Q215	A	用于金属结构构件、拉杆、心轴、垫圈、凸轮等。	
碳素结构钢	Q215	B	用于金属结构构件、拉杆、心轴、垫圈、凸轮等。	
碳素结构钢	Q235	A	用于金属结构构件、吊钩、拉杆、套、螺栓、螺母、楔、盖、焊、拉件等。	
碳素结构钢	Q235	B	用于金属结构构件、吊钩、拉杆、套、螺栓、螺母、楔、盖、焊、拉件等。	
碳素结构钢	Q235	C	用于金属结构构件、吊钩、拉杆、套、螺栓、螺母、楔、盖、焊、拉件等。	
碳素结构钢	Q235	D	用于金属结构构件、吊钩、拉杆、套、螺栓、螺母、楔、盖、焊、拉件等。	
碳素结构钢	Q255	A	用于金属结构构件、吊钩、拉杆、套、螺栓、螺母、楔、盖、焊、拉件等。	
碳素结构钢	Q255	B	用于金属结构构件、吊钩、拉杆、套、螺栓、螺母、楔、盖、焊、拉件等。	
碳素结构钢	Q275	—	用于轴、轴销、螺栓等强度较高件。	
优质碳素钢	10		屈服点和抗拉强度比值较低，塑性和韧性均高，在冷状态下，容易模压成型。一般用于拉杆、卡头、钢管垫片、垫圈、铆钉。这种钢焊接性甚好。	牌号的两位数字表示平均含碳量，45号钢即表示平均含碳量为0.45%。含锰量较高的钢，须加注化学元素符号"Mn"。含碳量≤0.25%的碳钢是低碳钢（渗碳钢）。含碳量在0.25%~0.60%之间的碳钢是中碳钢（调质钢）。含碳量大于0.60%的碳钢是高碳钢
优质碳素钢	15		塑性、韧性、焊接性和冷冲性均极良好，但强度较低。用于制造受力不大、韧性要求较高的零件、紧固件、冲模锻件及不要热处理的低负荷零件，如螺栓、螺钉、拉条、法兰盘及化工贮器、蒸汽锅炉等。	
优质碳素钢	35		具有良好的强度和韧性，用于制造曲轴、转轴、轴销、杠杆、连杆、横梁、星轮、圆盘、套筒、钩环、垫圈、螺钉、螺母等。一般不作焊接用。	
优质碳素钢	45		用于强度要求较高的零件，如汽轮机的叶轮、压缩机、泵的零件等。	
优质碳素钢	60		强度和弹性相当高，用于制造轧辊、轴、弹簧圈、弹簧、离合器、凸轮、钢绳等。	
优质碳素钢	65Mn		性能与15号钢相似，但其淬透性、强度和塑性比15号钢都高些。用于制造中心部分的机械性能要求较高且须渗透碳的零件。这种钢焊接性好。	
优质碳素钢	15Mn		强度高，淬透性较大，脱碳倾向小，但有过热敏感性，易产生淬火裂纹，并有回火脆性。适宜作大尺寸的各种扁、圆弹簧，如座板簧、弹簧发条。	
灰铸件	HT100		属低强度铸铁，用于一铸盖、手把、手轮等不重要的零件。	"HT"是灰铸铁的代号，是由表示其特征的汉语拼音字的第一个大写正体字母组成。代号后面的一组数字，表示抗拉强度值（N/mm²）
灰铸件	HT150		属中等强度铸铁，用于一般铸铁如机床座、端盖、皮带轮、工作台等。	
灰铸件	HT200 HT250		属高强铸铁，用于较重要铸件，如汽缸、齿轮、凸轮、机座、床身、飞轮、皮带轮、齿轮箱、阀壳、联轴器、衬筒、轴承座等。	
灰铸件	HT300 HT350		属高强度、高耐磨铸铁，用于重要的铸件如齿轮、凸轮、床身、高压液压筒、液压泵和滑阀的壳体、车床卡盘等。	
球墨铸铁	QT700—2		用于曲轴、缸体、车轮等	"QT"是球墨铸铁代号，是表示"球铁"的汉语拼音的第一个字母，它后面的数字表示强度和延伸率的大小
球墨铸铁	QT600—3		用于曲轴、缸体、车轮等	
球墨铸铁	QT500—7		用于阀体、气缸、轴瓦等。	
球墨铸铁	QT450—10		用于减速机箱体、管路、阀体、盖、中低压阀体等。	
球墨铸铁	QT400—15		用于减速机箱体、管路、阀体、盖、中低压阀体等。	

附　录

表 E-2　常用有色金属材料

类别	名称与牌号	应 用 举 例
加工青铜	4-4-4锡青铜 QSn4-4-4	一般摩擦条件下的轴承、轴套、衬套、圆盘及衬套内垫
	7-0.2锡青铜 QSn7-0.2	中负荷、中等滑动速度下的摩擦零件,如抗磨垫圈、轴承、轴套、蜗轮等
	9-4铝青铜 QAL9-4	高负荷下的抗磨、耐蚀零件。如轴承、轴套、衬套、阀座、齿轮、蜗轮等
	10-3-1.5铝青铜 QAL10-3-1.5	高温下工作的耐磨零件。如齿轮、轴承、衬套、圆盘、飞轮等
	10-4-4铝青铜 QA110-4-4	高强度耐磨件及高温下工作零件,如轴衬、轴套、齿轮、螺母、法兰盘、滑座等
	2铍青铜 QBe2	高速、高温、高压下工作的耐磨零件,如轴承、衬套等
铸造铜合金	5-5-5锡青铜 ZCuSn5Pb5Zn5	用于较高负荷、中等滑动速度下工作的耐磨、耐蚀零件,如轴瓦、衬套、油塞、蜗轮等
	10-1锡青铜 ZCuSn10P1	用于小于 20 MPa 和滑动速度小于 8 m/s 条件下工作的耐磨零件,如齿轮、蜗轮、轴瓦、套等
	10-2锡青铜 ZCuSn10Zn2	用于中等负荷和小滑动速度下工作的管配件及阀、旋塞、泵体、齿轮、蜗轮、叶轮等
	8-13-3-2铝青铜 ZCuAL8Mn13Fe3Ni2	用于强度高耐蚀重要零件,如船舶螺旋桨、高压阀体、泵体、耐压耐磨的齿轮、蜗轮、法兰、衬套等
	9-2铝青铜 ZCuAL9Mn2	用于制造耐磨结构简单的大型铸件,如衬套、蜗轮及增压器内气封等
	10-3铝青铜 ZCuAL10Fe3	制造强度高、耐磨、耐蚀零件,如蜗轮、轴承、衬套、管嘴、耐热管配件
	9-4-4-2铝青铜 ZCuAL9Fe4Ni4Mn2	制造高强度重要零件,如船舶螺旋桨,耐磨及 400 ℃ 以下工作的零件、如轴承、齿轮、蜗轮、螺母、法兰、阀体、导向套管等
	25-6-3-3铝黄铜 ZCuZn25AL6Fe3Mn3	适于高强耐磨零件,如桥梁支承板、螺母、螺杆、耐磨板、滑块、蜗轮等
	38-2-2锰黄铜 ZCuZn38Mn2Pb2	一般用途结构件,如套筒、衬套、轴瓦、滑块等
铸造铝合金	ZL301 2L102 ZL401	用于受大冲击负荷、高耐蚀的零件 用于汽缸活塞以及高温工作的复杂形状零件 适用于压力铸造的高强度铝合金

175

表 E-3 常用非金属材料

类别	名称	代号	说明及规格		应用举例
工业用橡胶板	普通橡胶板	1608	厚度/mm	宽度/mm	能在 -30～+60 ℃ 的空气中工作,适于冲制各种密封、缓冲胶圈、垫板及铺设工作台、地板
		1708	0.5、1、1.5、2、2.5、3、4、5、6、8、10、12、14、16、18、20、22、25、30、40、50	50～2 000	
		1613			
	耐油橡胶板	3707			可在温度 -30～80 ℃ 之间的机油、汽油、交压器油等介质中工作,适于冲制各种形状的垫圈
		3807			
		3709			
		3809			
尼龙	尼龙 66尼龙 1010		有高的抗拉强度和良好的冲击韧性,一定的耐热性(可在 100 ℃ 以下使用),能耐弱酸、弱碱,耐油性良好		用以制作机械传动零件,有良好的灭音性,运转时噪音小,常用来做齿轮等零件
石棉制品	耐油橡胶石棉板		有厚度为 0.4～0.3 mm 的十种规格		供航空发动机的煤油、润滑油及冷气系统结合处的密封衬垫材料
	油浸石棉盘根	YS450	盘根形状分 F(方形)、Y(圆形)、N(扭制)三种,按需选用		适用于回转轴、往复活塞或阀门杆上作密封材料,介质为蒸汽、空气、工业用水、重质石油产品
	橡胶石棉盘根	XS450	该牌号盘根只有 F(方形)形		适用于作蒸汽机、往复泵的活塞。和阀门杆上作密封材料
	毛毡	112 - 32 - 44（细毛）122 - 30～38(半粗毛)132 - 32～36(粗毛)	厚度为 1.5～25 mm		用作密封、防漏油、防震、缓冲衬垫等。按需要选用细毛、半粗毛、粗毛
	软钢板纸		厚度为 0.5～3.0 mm		用作密封连接处垫片
	聚四氟乙烯	SFL -4～13	耐腐蚀、耐高温(+250 ℃)并具有一定的强度,能切削加工成各种零件		用于腐蚀介质中,起密封和减磨作用,用作垫圈等
	有机玻璃板		耐盐酸、硫酸、草酸、烧碱和纯碱等一般酸碱以及二氧化硫、臭氧等气体腐蚀		适用于耐腐蚀和需要透明的零件

表 E-4　常用的热处理和表面处理名词解释

名词		代号及标注示例	说　明	应　用
退火		Th	将钢件加热到临界温度以上(一般是 710～715 ℃,个别合金钢 800～900 ℃)30～50 ℃,保温一段时间,然后缓慢冷却(一般在炉中冷却)	用于消除铸、锻、焊零件的内应力、降低硬度,便于切削加工,细化金属晶粒,改善组织、增加韧性
正火		Z	将钢作加热到临界温度以上,保温一段时间,然后用空气冷却,冷却速度比退火为快	用来处理低碳和中碳结构钢及渗碳零件,使其组织细化,增加强度与韧性,减少内应力,改善切削性能
淬火		C C48—淬火回火(45～50)HRC	将钢件加热到临界温度以上,保温一段时间,然后在水、盐水或油中(个别材料在空气中)急速冷却,使其得到高硬度	用来提高钢的硬度和强度极限。但淬火会引起内应力使钢变脆,所以淬火后必须回火
回火		回火	回火是将淬硬的钢件加热到临界点以下的温度,保温一段时间,然后在空气中或油中冷却下来	用来消除淬火后的脆性和内应力,提高钢的塑性和冲击韧性
调质		T T235—调质至(220～250)HB	淬火后在 450～650 ℃进行高温回火,称为调质	用来使钢获得高的韧性和足够的强度。重要的齿轮、轴及丝杆等零件是调质处理的
表面淬火	火焰淬火	H54(火焰淬火后,回火到(52～58)HRC)	用火焰或高频电流将零件表面迅速加热至临界温度以上,急速冷却	使零件表面获得高硬度,而心部保持一定的韧性,使零件既耐磨又能承受冲击。表面淬火常用来处理齿轮等
	高频淬火	G52(高频淬火后,回火到(50～55)HRC)		
渗碳淬火		S0.5—C59(渗碳层深 0.5,淬火硬度(56～62)HRC)	在渗碳剂中将钢件加热到 900～950 ℃,停留一定时间,将碳渗入钢表面,深度约为 0.5～2 mm,再淬火后回火	增加钢件的耐磨性能、表面硬度、抗拉强度及疲劳极限。适用于低碳、中碳(含量<0.40%)结构钢的中小型零件
氮化		D0.3—900(氮化深度 0.3,硬度大于 850HV)	氮化是在 500～600 ℃通入氨的炉子内加热,向钢的表面渗入氮原子的过程。氮化层为 0.025～0.8 mm,氮化时间需 40～50 小时	增加钢件的耐磨性能、表面硬度、疲劳极限和抗蚀能力。适用于合金钢、碳钢、铸铁件,如机床主轴、丝杆以及在潮湿碱水和燃烧气体介质的环境中工作的零件
氰化		Q59(氰化淬火后,回火至(56～62)HRC)	在 820～860 ℃炉内通入碳和氮,保温 1～2 小时,使钢件的表面同时渗入碳、氮原子,可得到 0.2～0.5 mm 的氰化层	增加表面硬度、耐磨性、疲劳强度和耐蚀性。用于要求硬度高、耐磨的中、小型及薄片零件和刀具等

（续表）

名词	代号及标注示例	说　明	应　用
时效	时效处理	低温回火后，精加工之前，加热到100～160 ℃，保持 10～40 小时。对铸件也可用天然时效（放在露天中一年以上）	使工件消除内应力和稳定形状，用于量具、精密丝杆、床身导轨、床身等
发蓝发黑	发蓝或发黑	将金属零件放在很浓的碱和氧化剂溶液中加热氧化，使金属表面形成一层氧化铁所组成的保护性薄膜	防腐蚀、美观。用于一般连接的标准件和其它电子类零件
硬度	HB(布氏硬度)	材料抵抗硬的物体压入其表面的能力称"硬度"。根据测定的方法不同，可分布氏硬度、洛氏硬度和维氏硬度 硬度的测定是检验材料经热处理后的机械性能——硬度	用于退火、正火、调质的零件及铸件的硬度检验
	HRC(洛氏硬度)		用于经淬火、回火及表面渗碳、渗氮等处理的零件硬度检验
	HV(维氏硬度)		用于薄层硬化零件的硬度检验